U0164438

整形整心
整形整心

—— 科學讓你
重拾自信人生

整形外科專科醫生 彭志宏 著

青森文化 森文化

序言一

　　2023 年是很特別的一年！時光悠悠，數算一下，自中文大學醫學院畢業成為整形外科專科醫生逾 20 年，曾在公立醫院服務，而現在是私人執業。行醫多年，令我領悟整形外科是一門很特別的專業。我常笑說，整形外科專科醫生是一位用刀治療病人的心理醫生。

　　從小我便對繪畫、藝術有濃厚興趣，自小立志成為建築師，及後考入中文大學醫學院培訓為醫生，在探求其事業發展時，我發覺整形外科跟建築最為相似，建築師是建造樓宇，整形外科是在人體上進行「另類」的建築工程。

　　行醫多年，令我感受最深刻是要成為一位好的整形外科專科醫生，除了具有良好的醫學知識，特別是整形外科的知識，以及外科技術要好之外，也需要與病人有良好溝通，了解病人的需要，甚至有時要深入了解病人、明白他們在要求做這治療背後的需要和動機。不然，有時手術做得好但病人卻不滿

意，探究原因才發現手術的結果並沒有滿足他們背後的需要。

　　有兩個例子可以說明醫生需要與求診者有良好溝通、甚至深入溝通的重要。有位男士剛滿 40 歲就要求做鼻子整形手術，他要求把鼻頭做得很大，經過溝通之後，發現原來他相信鼻頭大可以聚積財富，那麼當他 40 多歲就是行鼻運的時候，如果把鼻頭做得豐滿便會發達。於是我便向他作出溫馨提示：「40 多歲的運程，除了受面相也受到很多不同的因素影響，不過利用整形手術去改變鼻運，你首先要破財給我（支付手術費），但卻不保證手術後，財運能像面相所言令你發達。」

　　另一個例子是有位女士要求隆胸，並要求越大越好，在細心聆聽她的要求後才發現，原來她的婚姻出現問題。丈夫有外遇，而那個第三者的胸部非常大，所以她也要把胸部隆得很豐滿，以挽回婚姻。我於是小心地向她解釋導致婚姻出現問題是受很多

原因影響，外觀只是其中一個小問題，並建議她也應要留意一下有沒有其他影響婚姻的原因。如果我沒有去了解求診者隆胸的背後原因而為她做隆胸手術，日後她的婚姻無法挽回時，她可能會埋怨是手術做得不好，導致她的婚姻無法挽回。

誠然，不少人對整形外科抱有迷思或誤解，而這些迷思或誤解多年來也沒有什麼轉變。倘若求診者能夠認識多些醫學病理，多一點認識整形外科手術，那麼他們對整形外科的期望相信會比較切合實際。

近年科技發展也令整形外科有著新的發展，最受公眾關注的醫學美容也因科技發展而趨向科學化。以人的面形隨著歲月而改變為例，以往，整形外科著重把皮膚拉緊便是回復青春的方法。現時，整形外科對面形隨著歲月改變有更深入的認識，轉而著重研究拉緊皮膚的方向、研究其他面部組織的改變，以及更精準掌握面部脂肪容量的改變等多方面發展。

整形外科不只是外科手術，也包括廣泛的治療選項，由傳統整形外科手術、到創傷性比較少的微創整形手術、到非創傷性治療等，醫生需要因應求診者不同的特質，以及因應不同的需要而為求診者提供合適的選擇。因此，所有的治療新方法，也需要顧及人類解剖醫學及生理醫學的規則，就算是最簡單的整形治療，也需要讓公眾明白它存在的風險和減少風險的方法。

本書是一本科普讀物，旨在豐富讀者對整形外科的知識，減少誤解與偏見，若能調整心態看待整形外科，內外兼備的美麗，自信亦油然而生。同時，我也想藉著這本科普讀物與非整形外科的醫生，以及醫科學生分享整形外科的知識和經驗，在科學上同行。

彭志宏

整形外科專科醫生

序言二

愛美是人的天性。我們為求更美，或為求沒那麼不美，可能會去做整形手術。現今科技發達，在可控範圍之內整形絕對可以理解。但整形不是沒有風險的，只不過我們愛美的心給了我們勇氣，才會不「整」不休。

整形帶給我們外在美，卻不能帶來完美。而人心不足，自古皆然，有人會不斷整形，力求完美，這顯然是心魔在作祟了。如果因不能控制心魔而不斷觸碰整形的底線，最終只會賠了外形，折了心靈。所以在整形的同時，我們一定要「整心」，如果愛美的心因得不到調節而與心魔為伍，整形就很容易變成毀形，對身心造成永久的破壞。

彭志宏醫生為了調節我們愛美的心，特地寫成了《整形整心》這本好書。書中針對比較普遍的整形類別，詳細講解，令讀者有足夠的心理準備，以免最終因毀了形而毀了心。

　　彭醫生專攻整形外科逾 20 年，有見於整形一事如果處理不當，會令人身心兩傷，於是決定以知識安人心。這是「整心」的最好方法。「心」既修整好，我們修整「形」就會更有分寸了。

　　志宏兄有積極的人生觀，而且充滿愛心，更因其積極的人生觀和愛心而長期服務社會。志宏兄曾居國際扶輪 3450 區地區總監、九龍樂善堂主席等要職，目前更是逸傑國際慈善基金會主席。這個基金會一向竭力為內地患唇裂顎裂的貧困人士和他們的孩子提供免費修補手術，有赫赫之功。

2017 年，志宏兄繼創會主席鍾逸傑爵士任主席，救助貧病未嘗稍懈。事實上，志宏兄 20 多年前開始在國內替唇裂顎裂兒童義診，至今已經為超過一千名患者做過修補手術，使他們更有自信地面向世界和人生。這是無私奉獻的典型。《整形整心》是志宏兄用愛心寫成的，我希望讀者都能報之以安心。

何文匯

香港中文大學中國語言及文學系榮譽教授

2023 年 6 月

何文匯教授

目錄

第八章 不可輕視皮膚繭痂及小傷口

第一章

變靚之前

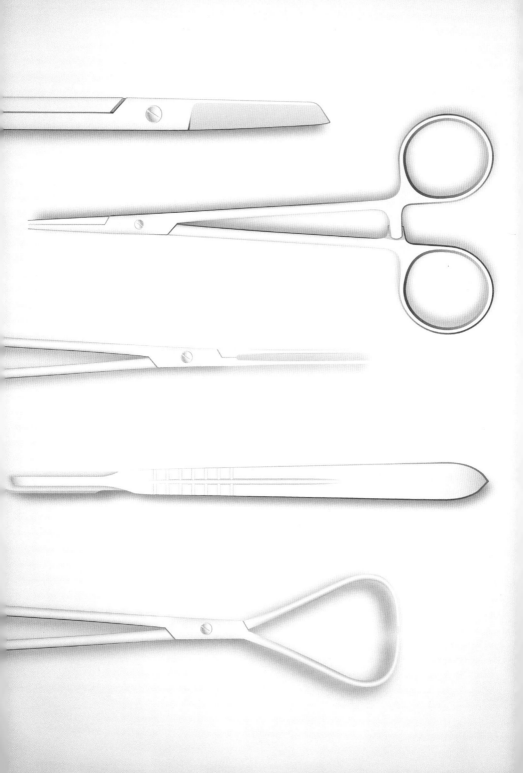

1

了解皮膚組織結構開始

有誰不想天生皮膚好，永遠保持白裡透紅的完美肌膚？因此不少人會花盡心思在保養肌膚，希望可以令皮膚「變靚啲」。不過，若想皮膚變靚先要了解不同方法或各種美容儀器的功效及用法，避免使用不當而令皮膚受損，得不償失。

很多人都希望能有簡單方法，便能保持皮膚有光澤、少皺紋，但要達到這些效果，應先由了解皮膚組織結構開始。皮膚其實分為表皮層、真皮層、皮下脂肪，再深層便有筋膜連接肌肉，要令皮膚變好，便需要每一層都做工夫。

認清不同美容方法

市面上可供選擇的美容儀器琳瑯滿目，消費者要揀選不同儀器，便要先了解各儀器的功用、採用什麼能量，以及能量如何轉化，才能達到效果。其實想令皮膚有光澤通常不一定要採用儀器，有時，可

使用果酸令表皮層再更新換走，亦能達至光澤的效果。倘若想令深層次的皮膚改變，例如減少皺紋等，便需要採用較高能量的工具，將骨膠原（collagen）加熱再收緊，常用便有超聲波聚焦儀器，也有射頻儀器。方法是將皮膚加熱高至攝氏 70 度，熱力令骨膠原收緊。不過要注意的是若儀器達到攝氏 70 度而時間控制不當，便有機會灼傷皮膚。

利用儀器有灼傷風險

　　因此在揀選美容儀器產品時，要注意使用儀器的最大風險就是灼傷。當出現灼傷跡象時，用家首先會感覺痛楚至不能忍受；灼傷症狀有紅腫、起泡，起泡位置膚色會變深，稱為「反黑」，這些情況便需要求醫處理。若感到痛楚仍「死忍」，有些灼傷個案是皮下脂肪層受破壞，令該位置的脂肪變薄、萎縮，故此用家必須注意，若有忍受不到的痛楚，便應該立即停止使用。

注射肉毒桿菌須注意功用

至於其他美容方法，如使用肉毒桿菌，令肌肉減少收縮等，便必須經醫生處理。在選擇注射肉毒桿菌前要注意：一、了解肉毒桿菌的功用，它並非一經注射就會變靚的物質，它只是令肌肉減少收縮，甚至使油脂分泌腺減少分泌；二、是要決定哪個部位的肌肉減少收縮。

例如有些人想改善眉心位置的「川字紋」，便會在該位置注射肉毒桿菌，但它不單會影響「川字紋」肌肉，亦會令提眉的肌肉減少收縮，甚至令眼眉肌肉向上搋，因此不少人注射後首 2 周，眼眉會搋起，出現嬲怒表情。醫生能判斷肉毒桿菌的使用份量，份量越多，散開機會越大，而影響附近肌肉機會亦越高；相反若安全起見，注射份量較少，則可能需要縮短時間補針。

注射肉毒桿菌會否有反效果

　　注射肉毒桿菌若揀選份量不當，便有機會出現反效果。肉毒桿菌一般維持約 6 至 9 個月，功效便會慢慢消失，若發現功效逐漸縮短至 4 個月或 2 個月，便要留意可能已產生抗體，故一般會建議該人士「放長假」，停止注射肉毒桿菌 1 年半左右，讓抗體逐漸消失後，才嘗試再用，觀察效果如何。

平衡健康與變靚啲

　　想「變靚啲」也必須要保持健康，故揀選令你變靚的療程時，最緊要了解其功用、後遺症，萬一發生後遺症又應該如何處理，這些情況都應諮詢主診醫護人員，取得最好的建議。

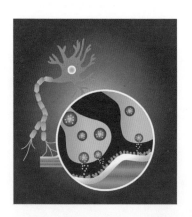

正常肌肉是需要神經末端釋放出來的訊號，在肌肉上的接收器接收，肉毒桿菌是把肌肉上的接收器填上，肌肉便不能再接受新的訊號，亦能停頓肌肉收縮。

（本文曾刊載於 am730）

2

微整形

「女為悅己者容」，隨著生物科技發展、新儀器推出，對整形服務帶來很大轉變。現時整形方法的選擇變得更多，效果更理想。「微整形」的出現，正是針對消費者「希望變得更年輕、儀容外觀有所改變」的要求應運而生。

事實上，近 15 年，我已沒有做過拉臉皮的手術，因為無需要。以往求診者接受手術「動刀」拉臉皮，臉頰要 1 個月才消腫。隨著科技發展、新儀器推出，現時可利用儀器收緊臉皮。

改善外觀不宜太誇張

雖說求診者接受整形服務後改善儀容外觀，但我認為也不宜太誇張，有些女士為了臉形變得似「瓜子形」，會採用強行去骨的手術，但後果是會導致「錐子臉」，似外星人般遭人訕笑。

歲月催人老，一個人看來老相，其實是由於歲月增長，臉部比例改變。試看孩子們的臉部比例，可簡單分上下兩部分，眼睛大大，佔了臉部的上半。但上了年紀，骨頭裡面長氣孔，令臉脹大，下巴縮短，臉部比例拉長為三部分，皮膚亦變得鬆弛。

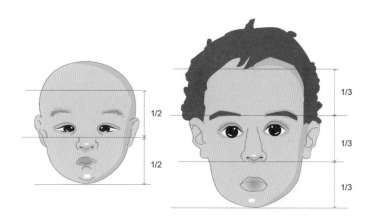

面部比例因應年紀改變

注意注射物料的安全

　　了解問題的成因後，便能作出針對性的處理。例如處理皮膚鬆弛問題，可利用高強度聚焦超聲波（簡稱 HIFU），已可令皮膚組織萎縮及積聚新的骨膠原，藉此達到微創緊膚的效果。又或者在適當的位置注射適量的填充物，讓下墜的位置重回正軌，令皮膚變得緊緻。但要特別留意注射填充劑的種類和容積。有些人如果注射了不明或不安全的物料，可能會引致嚴重的併發症，因此求診者在注射前，需要清楚使用的是什麼物料以及了解其安全性。過量注射填充物料可能會引致不自然，以及不合比例的臉容！

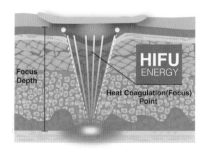

聚焦高能超聲波醫學圖解

整形外科令癌病患者增自信

　　外觀儀容會影響個人自信，整形外科某程度上，是利用外科服務治療病者心靈。例如，乳癌求診者切除胸部後，接受隆胸手術雖然無法令乳房功能復原，求診者無法再餵哺母乳，但回復外觀，乳癌求診者心理及情緒得到平衡，是求診者康復路上重要一環。

　　又例如求診者不幸在面部罹患皮膚癌，面部皮膚整形可以為求診者重塑被切除範圍的皮膚，除了可令患者保持面部外觀的完整之外，更具有保留功能性的作用，因為有些皮膚癌切除手術的位置是在眼皮或嘴唇附近的部位，整形令這些患者可以保持正常眨眼或咀嚼的動作！

（本文部分內容曾刊載於 iMoney）

3

唔好愛靚唔愛命

為了靚，有人不惜任何代價，甚至不顧後果。在現行法例只監管美容儀器註冊，而不規管操作員的情況下，人人以為可以駕馭高風險美容儀器，以致衍生了不少醫學美容事故。傳媒報道有位女士在家居接受 HIFU（高強度聚焦超聲波）療程，但 HIFU 不適合在眼皮位置使用，若錯誤使用，有機會導致白內障，更嚴重可引致失明。這類儀器最好由相關的專科醫生來操作。

HIFU 是令皮膚緊緻的其中一類美容儀器，其原理是把皮膚內的骨膠原加熱，導致結構改變收縮，在復原過程中便可令皮膚緊緻，效果亦較持久，可維持約 1 年半。此外，由於 HIFU 是把超聲波能量聚焦至表皮底下約 3 至 4 毫米深的 SMAS 位置（superficial musculoaponeurotic system 皮下肌肉與筋膜層系統），令表面避免受熱燒傷，不會像激光或單極射頻般容易令皮膚出現紅腫。

HIFU 並非零風險　宜專科醫生評估及操作

不過，HIFU 也並非零風險，若遇上操作不當或儀器質素欠佳，也有機會導致能量輸出不穩定或焦距錯誤，一旦能量過大或打錯位置，就可能燒傷皮膚；假如誤中血管致破裂，便令皮膚出現瘀紅；若不幸傷及神經線，甚至可能造成無法挽救的後果。所以我認為該類儀器最好由相關的專科醫生來操作，因為他們了解皮膚底層的狀況，知道如何避開危險位置，減低損傷風險。

醫生為求診者進行 HIFU 療程前會先作評估，皆因不是人人都適合做，部分人的效果亦不顯著，例如曾接受埋線療程人士，羊腸線已溶在皮膚底層並黏著；還有年紀較輕、20 多歲皮膚仍然緊緻的亦沒必要做。另外，吸煙者都不值得做，因為他們的血流量差，阻礙復原過程，使拉緊效果欠佳，可說做了都浪費金錢。

注射來歷不明物料　恨悔難返

　　有位女求診者在網上買了聲稱是「透明玻璃質酸」的產品，每支人民幣 6 元，比原本一支成本價要幾千元的便宜很多，她遂買入 6 支，再自行注射隆鼻。後來她發現賣家原來曾出售內地已禁用的有害物質，大驚之下來求醫，要求取出那些不明物料，可是其注射位置太分散，已無法取出。至於她的鼻也確實隆高了，但鼻根位置也變得開闊，如同電影《阿凡達》的族人般。

　　然而，連割包皮都有人夠膽在網上買工具來自行處理，自然也無法阻止貪靚一族購買不明來歷的美容產品自用。用了結果無效也還好，最怕是有效果，令用家造成無可挽救的傷害。因此，政府應立例管制屬於入侵性的醫療美容程序。

（本文部分內容曾刊載於 iMoney）

4

皮膚保護　防曬產品要識揀

　　俗語說「一白遮三醜」，不少人想享受陽光與海灘，但更怕是把皮膚曬黑，而且曬得越久，皮膚受紫外線侵害便越嚴重，所以一到暑假，太陽帽、甚至「面堅尼」、「面罩」紛紛出動，而坊間防曬、美白產品更是五花八門，可見香港人防曬意識的確很高，但又是否用對了方式呢？

認識紫外線　塗抹防曬產品須知

　　紫外線主要分三種，最常見的 UVA 可穿透雲層照射到地面，會破壞膠原組織和彈性蛋白，使皮膚容易出現皺紋和老化；第二種 UVB 則是可致癌的射線，也能令皮膚灼傷及發紅；至於 UVC 致癌風險更高，但已被大氣層阻隔，除非是澳洲、南極等臭氧層被破壞的地區，否則一般人不受影響。

這是多年暴露於太陽而破壞的面容

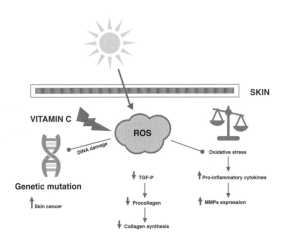

太陽破壞皮膚的圖解

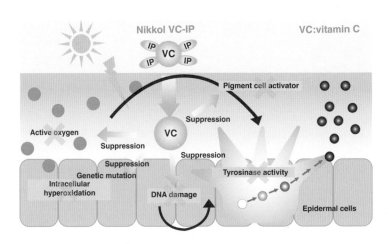

維他命 C 挽救被太陽破壞後的皮膚

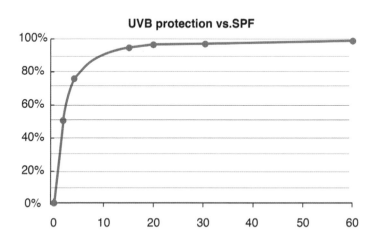

SPF 防曬系數保護皮膚的數值表

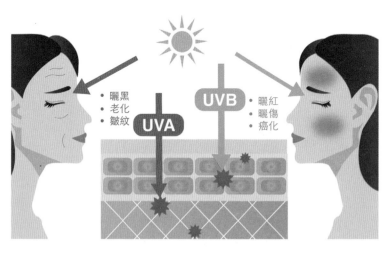

紫外光 A 和紫外光 B 對皮膚的影響

至於市面上的防曬產品，需要留意兩個數值：SPF 和 PA。SPF 是指塗抹防曬液後，皮膚在曬後變紅的時間，如果是 SPF 10，即是 100 分鐘後才變紅，值得留意是，SPF 35 以上的數值，其實對皮膚變紅的防護力只相差幾個百分點，但數值越高，產品含有的化學成份越有機會令皮膚受刺激。

　　PA 則是針對 UVA 的防護力，會以＋號表達，＋號越多，阻隔能力越強，可減少皮膚老化等風險。此外，粉末狀的防曬產品效果遠低於水劑或膏狀。

　　很多人用了防曬產品後仍曬黑曬傷，主要是搽得不夠，要達到相應的 SPF 數值，每平方厘米的肌膚其實要搽夠 2 毫克防曬液，即臉和頸要用約一湯匙份量，但大部分人都搽不足每平方厘米 2 毫克的濃度，這樣就算用了 SPF 100 的防曬液，也未能達致理想的防曬效果。有些人如果在用 SPF 50 防曬液時，只搽了所需份量的一半（每平方厘米 1 毫克的濃度），效果也只等於用 SPF 7。

記住唔好曝曬

還有，耳朵和頸後等部位常被人忽略，因而最易皮膚老化和起皺紋。亦有人以為陰天或在室內便不用搽防曬，但其實 UVA 能夠穿透雲層和大玻璃的，所以也應做好防曬。若近期接受過微整形或整形手術，或激光和彩光治療，皮膚比其他人較易灼傷，更是不能曝曬。一般中午 12 時至下午 3 時的陽光最猛烈，建議最好留在室內避一避。

有些人不搽防曬，寧願「事後補救」，用蘆薈等來做曬後護理，但此類產品只可保濕，不能減少曬傷，至於抗氧化產品有助吸收維他命 C，的確可減低對游離基的侵害，改善皮膚紅腫，但手指般大小的一瓶，已售 1,000 至 3,000 元，與其花這個錢，倒不如乖乖做好防曬！

（本文部分內容曾刊載於 iMoney）

5

閒話何謂美的標準

　　一號眼、二號鼻、三號嘴、四號下巴……很多人也打趣說，換季會「撞衫」，整容也會「撞樣」，部分人甚至會帶同明星照片找醫生要求「跟住整」，作為整形外科專科醫生，我認為這亦非壞事，因這反映整容者已對將會換變的容貌作好心理準備，反之最怕遇上怕醜一族。

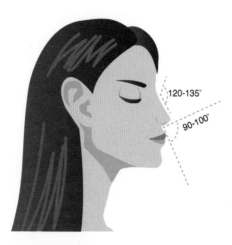

120-135°

90-100°

鼻子角度的建議

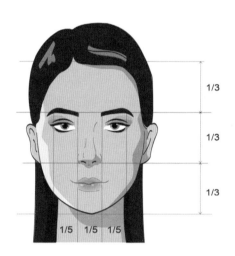

面部正面比例

　　我時常對求診者說，五官面形是否美，不能單獨去看，而要整體配合，單眼皮未必一定醜，沒有外國人般的高鼻子也可以是美人胚子。若求診者最終仍決定整容，則要有合理期望，如將鼻翼全面收窄，並加入假體建造高鼻樑，從前被視為「積財」的豬膽鼻沒有了，樣子也會完全改變，她是否能接受？

整容的合理期望還包括技術上是否可行，近年流行以「美魔女」形容不老婦女，要將年齡看似小 10 多歲，並非沒有可能。

　　整容亦不能怕醜，以隆胸為例，有時候遇上一些隆胸要求是「整少少得喇，唔使太大」，我會坦白告之，如不想隆胸後身材有顯著改善，倒不如不要整吧。而且，隆胸最主要是改善自己的體型，增強信心。若因為丈夫有外遇，要整容與對方「鬥過」，實屬不智。

　　其實整容醫生為求診者治療，除了講求手勢技術之外，溝通亦很重要。最近有位朋友陪人到韓國整容，親眼看見有一名外國女子在當地醫院接受整容後，在康復病房休養期間不停哭泣，是否涉及效果未如理想不得而知。雖然許多外國的整容中心都有翻譯，但能否清楚闡述自己的需要，而醫生要達到這些目的，尚有待商榷。

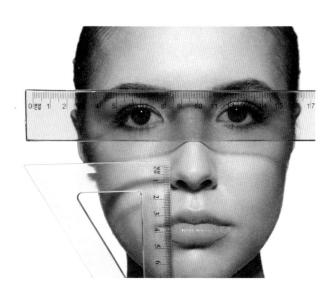

第二章

靈魂之窗 肉毒桿菌知多啲

1

眼袋是如何形成

　　眼袋是如何形成？簡單而言，眼袋的出現是眼皮下原本被肌肉包圍住的脂肪浮現了出來，情況就好像一個戴著皮帶的肥佬腰間突出了一圈大肚腩，而割眼袋手術就是將這「肚腩」抽走。

　　誠然，眼袋脂肪浮現本身並不會導致眼睛疲倦或影響健康，但卻會給人感覺欠缺精神。我遇過有求診男士因為一雙大眼袋，常被上司誤會晚晚睇波夜蒲以致日間工作沒精打采。加上部分人眼皮的膚色變深形成黑眼圈或紅眼圈，外觀上難免會被扣分。

　　眼袋成因眾多，部分人因為遺傳天生長有一雙大眼袋；有些人則因為年紀漸長，眼睛周圍的肌肉老化鬆弛而導致眼袋；有些人卻是在接受肉毒桿菌注射治療眼紋後，令眼皮肌肉變弱而出現眼袋問題；一些疾病如鼻敏感或甲狀腺疾病患者亦會較易出現眼袋。

去除眼袋的手術

　　去除眼袋的手術原理就是將這層在眼肚浮凸出來的脂肪去除，開刀位置主要有兩個：一是在下眼瞼底下的黏膜內抽脂；或是沿著下眼睫毛邊割開，再抽走眼肚脂肪。前者好處是完全無疤而且康復較快，不過由於此位置很細小從而增加了抽脂的難度，若下眼皮肌肉太鬆弛而下垂者就不適宜採用此方法。

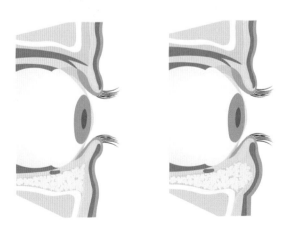

下眼皮正常結構（左圖）；下眼皮內脂肪突出，形成眼袋（右圖）

後者因在皮膚外面開刀，故有機會在下眼睫毛位置留有疤痕。但是，此手術方法可同時割走部分眼袋的皮膚，從而達至拉緊眼皮、消除眼紋的效果。值得留意是，若割走太多眼袋皮膚會出現下眼皮向外反的問題，小則導致目光呆滯，嚴重者眼睛不能閉合，這是不可接受的大忌。

在下眼瞼底下的黏膜內割開（左圖）；沿著下眼睫毛邊割開（右圖）

手術的風險

接受去眼袋手術後有機會在眼肚位置有少少瘀傷，但其後會逐漸消退。不過，另一個最令人關注的手術風險是一旦術後流血不止會有機會影響視力甚或導致失明。因為眼袋的脂肪位置和視覺神經在狹小的空間，若眼核洞的空間流血，血泡頂住眼球，從而壓住視神經，令眼球壓力增大，影響視網膜血液供應，視覺神經便有機會壞死。因此，醫生會很小心地查問求診者的病歷，若有服用阿士匹靈、維他命 E 或薄血丸，要視乎這類藥物能否暫停，或許不能接受此手術，因為相關藥物會影響血凝固。

曾有個案在手術後眼睛傷口流血，導致眼部浮腫凸出，送到醫院時視力僅餘下兩成，須立刻放血及處方類固醇，究其原因是術後護理不佳。因此，除了手術過程中止血要做得好外，手術後的休息也非常重要。有需要時可透過敷冰令血管收縮減低流血

的機會，一旦發現有流血問題或眼部感壓力，須立刻前往醫院作診斷治療。

甲狀腺 鼻敏感 術前先控制病情

一般而言，眼袋手術成效可維持 10 多年，但本身患有甲狀腺疾病或鼻敏感患者，有機會在手術後數年又重現眼袋，因此，這些求診者最好先控制好本身的病情才接受去除眼袋手術。另外，有些人本身眼皮比較鬆，即使接受眼袋抽脂手術後，眼肚位置仍然有浮脹感，則可透過超聲波或射頻等光學治療將眼肚皮膚拉緊，達至完全去除眼袋的效果。

「人工臥蠶」不強求

談到眼肚手術，近年更有求診者要求在眼底打針製造「人工臥蠶」，因為臥蠶乃年輕樣貌的特徵，在下眼睫底下和眼袋上有一組如「老鼠仔」的肌肉

脹起，令雙眼笑起來像彎彎腰果般可愛。若相關求診者年僅 20 多歲，可按其需要替其施針，但若然求診者已年屆 50，則並不宜再外添臥蠶。因為明顯臥蠶和年紀不相符，亦會欠缺自然，故此醫生宜向求診者清楚說明上述情況，坦言臥蠶這特徵天生有就有，天生沒有也不應強求。

2

雙眼皮

　　割雙眼皮，似乎是最「遠古」而又「歷久不衰」的整形手術，但決定接受手術前，你必須問一問自己：接受到被人發現樣子有巨大改變嗎？因為眼睛是靈魂之窗，稍微變動也引人注意。

　　相傳雙眼皮手術早在 1869 年在單眼皮人口眾多的大和民族首先出現，當年的東洋人與西方經商時，見到西方人均擁有一雙又大又靚的眼睛，深感羨慕，便研究人工雙眼皮之術。

　　當然，雙眼皮並不是眼皮上劃一條線便形成，這條眼皮線的精妙之處在於它是一條動態的紋，在眼皮一開一合之際，眼皮有組肌肉沿著眼球向後拉扯起，形成一道褶紋，呈現出雙眼皮的模樣。而雙眼皮夠不夠深、還是內雙眼皮等均取決於這組眼皮肌肉的拉力、眼皮本身的厚度，以及眼頭的皮的弧度等因素。

流行埋線

　　整形醫學界多年來也不斷研究如何令雙眼皮手術效果接近自然美，埋線是近年較流行的方法之一，在眼皮的表皮和深層活動肌之間製造一道傷口，埋下線後再縫合，使其黏連而形成一條痕，猶如拉扯眼皮的肌肉。手術大約 45 分鐘，在局部麻醉下進行，以便一邊做一邊評估雙眼皮在眼睛開合時的模樣。

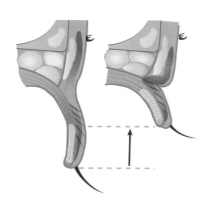

正常雙眼皮的結構，肌肉和雙眼皮位置的皮膚有正常黏連

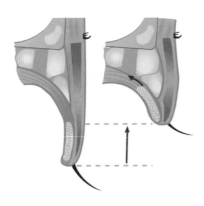

正常單眼皮的結構，皮膚跟肌肉沒有黏連

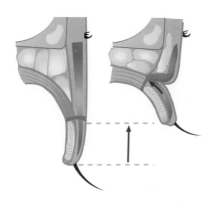

雙眼皮手術就是製造黏連在特定的皮膚位置和提瞼肌肉韌帶

此手術的「變靚」效果因人而異，客觀因素包括那道雙眼皮線的高低位置，太低的話不明顯，太高的話不自然。埋線位置一般會開在距離眼睫毛 4-9 毫米的位置，女士們通常要高一點，因為當配合眼線化妝後，若雙眼皮線太低便會看不見，而且雙眼皮高一點會顯得更女性化，相反男士們的雙眼皮線則可低一點。

眼皮厚度影響效果

　　眼皮本身的厚度也會影響手術的效果，臨床經驗顯示，眼皮較薄的人效果會好一點，眼皮較厚者手術後雙眼皮可能會較腫。因此，若求診者本身眼皮厚會影響結果，他要決定是否值得做手術。

　　另一關鍵因素是當事人本身的個性與所改造的雙眼皮是否相襯。因為單眼皮本身也有其美態和吸引力，誠然，部分人割雙眼皮後才發現原來自己單眼皮更有魅力，但已經難以逆轉。

術後形象改觀要三思

　　所以，當有求診者前來要求做雙眼皮手術時，我會先問他們心理上能否承受到自己被發現整形，並會用鐵線替其吊起眼皮尾，讓他們看看手術後會呈現的雙眼皮效果。因為眼睛是與人溝通的重點，簡單如眼腫也會輕易被人察覺而慰問是否哭了，突然由單眼皮變成雙眼皮這「巨大改變」根本瞞不了人。也遇過有女士要求那雙眼皮整到很細很細，細到不易被發現，然而若對整形懷有如此心態，可能並不適合接受手術。

　　較多人會選擇在人生轉變階段接受整形手術，如剛剛中學畢業準備升讀大學的暑假，或大學畢業即將投入社會工作，因為在全新環境認識另一班朋友，他們並未見過你昔日的模樣，從而避免了整容後被「拆穿」的尷尬。

不過，對於雙眼皮手術而言，並不建議年過 30 才進行，因為 30 歲後額頭和眼睛周圍的皮膚會急劇老化，受地心吸力影響，額頭的皮膚會下垂，而眼眉和眼睫毛之間的眼皮也長多，若在 30 歲才割雙眼皮，到了 40 歲那道人工雙眼皮便會因而隱藏「消失」了。

讓孩子長大後做決定

　　但這是否代表最好趁年紀小時便接受手術？曾遇過有媽媽帶其年僅 5 歲的兒子來診所，要求替他做雙眼皮手術，皆因他們夫妻兩人本身也是透過手術令眼皮由單變雙，深感外人看到其兒子是單眼皮會有很多猜想，但由於孩子年紀太小，我勸說這位媽媽應讓孩子成長後自行決定，而且審美標準會隨著時代改變，說不定流行單眼皮才是帥！

3

皺紋的煩惱

　　皺紋是皮膚老化的特徵,愛美一族的大敵。為了去皺,多少人日夜努力在面上塗上林林總總的護膚產品,甚至貼上膠膜睡覺,到頭來也是幫助有限。到底怎樣能使面部減少歲月痕跡的同時,又不會成為表情僵硬的蠟像塑膠臉?

皺紋是怎樣形成

　　誠然,先天遺傳因素,導致皮膚老化出皺紋的頭號元兇就是陽光,深色人種如印度人和非洲人,因為本身皮膚有黑色素保護,皮膚不容易受紫外線影響而流失彈性骨膠原,呈現皺紋衰老現象。相對而言,白種人缺少這防護,加上他們很喜歡曬太陽,故常見不少白種人即使只有二三十歲,皮膚已呈老態出現皺紋。其中,眼睛是第一個出賣年齡秘密的地方,白人眼紋可以早在 18 歲已經出現。

另外，吸煙、居於天氣乾燥地區、或表情多多的人士，亦較易出現皺紋。因為吸煙會抽乾皮膚的水份令皮膚加速老化，常處天氣乾燥地帶亦然，久而久之皮膚亦會容易出皺紋，相反，若皮膚的油脂分泌較旺盛的人，面部皺紋也會較少。如本身面部表情較為豐富，經常瞇眼「翁鼻／擠鼻」、咧嘴開懷大笑，或皺著眉頭，面上的皺紋也會較一般人多。

吸煙會加速皮膚老化

注射肉毒桿菌處理皺紋的原理

　　以前愛美一族或會找整形醫生替其拉面皮、去除皺紋和處理皮膚鬆弛問題，但現時大多數人都不選擇開刀做手術，而選取風險和創傷性均較低的肉毒桿菌療程。注射肉毒桿菌處理皺紋的原理，是令受注射部位的肌肉不懂收縮，從而不會呈現表情紋。

對於醫生來說，看見的不單只是皮膚上的皺紋，也看到皮膚下肌肉的活動

其中一個有趣的臨床發現是，不少求診者在眉頭注射了肉毒桿菌針以去除「川字紋」後，其皺眉頭嬲怒表情消失的同時，他們的情緒也變得較好、少了心情抑鬱問題。曾遇過求診者笑言，去除「川字紋」後，每當她不滿下屬工作表現而感到憤怒時，其下屬根本看不出她正在生氣，有時也會感到無奈。

打歪咗位置會膠面　應由醫生處理

當然，若求診者臉部各處也注射肉毒桿菌，便會導致完全沒有表情的膠面反效果，尤其是若其職業是演員，失去所有表情紋會直接影響其演繹角色的喜怒哀樂。所以，醫生必須根據面上每組肌肉的功能，以決定應該以注射肉毒桿菌的方法處理皺紋，還是要配合超聲波、射頻等原理去拉緊皮膚從而去紋。

以「魚尾紋」為例，中國人有句成語叫「眉開眼笑」，其實眼尾位置的那組肌肉是負責牽動著嘴角向上笑的功能，因此我們不時會發現笑得燦爛者，「魚眉紋」也會較多。若然直接在眼眉注射肉毒桿菌，沒錯，眼眉紋會消失了，因為眼尾的肌肉不懂收縮，就連昔日燦爛的笑容也伴隨消失了。

注射肉毒桿菌針去皺紋的效果並不持久，這好處是若某次注射治療「太重手」和在不應該的地方注射令面部表情僵硬或左右面不對稱，等數月後當藥效消失，相關問題亦會相繼消退，而同一時間，這亦意味著愛美一族每隔一段時間就要找醫生重新注射肉毒桿菌以保持無皺／少皺容貌。

預防皺紋過早出現

預防勝於治療是醫學界的金科玉律，想在仍未出現皺紋前作最佳保養，首要是做好防曬、不要吸煙。每日在皮膚上塗上含抗氧化成份的潤膚霜，亦能急救受紫外線破壞的皮膚組織，減慢皮膚老化的速度。至於近年不少網上紅人教人在面上貼上膠膜才睡覺，其實只是短暫的治標不治本方法，若每日也要靠貼膠紙拉緊面皮去除皺紋，亦不是一個好選擇。

4

肉毒桿菌知多啲

重肌無力症 哮喘患者不宜注射

　　愛美一族為了令皮膚變得緊緻，可選擇注射肉毒
桿菌針去皺，但使用時必須小心，曾有求診的女士
注射肉毒桿菌針後，因毒素滲入眼眶，導致雙眼不
能打開，須等待至少 6 星期，肌肉訊號接收器重生，
才能「重見光明」。故注射位置不能與眼睛和口角
太過接近，重肌無力症患者和哮喘患者皆不宜注射。

美容用途

　　肉毒桿菌是一種細菌毒素，注射進入體內後與神
經末梢結合，會抑制神經末梢釋放「醋膽素囊泡」，
使肌肉未能如常收縮。肉毒桿菌素早期應用於改善
斜視、治療腦部痙攣等，讓不能受控的肌肉停止活
動，近廿年則擴展至美容用途，例如對付眼部魚尾
紋，又或者解決小腿粗大、排汗過多的問題。

注射位置不能太接近眼睛 口角

　　肉毒桿菌針常見的注射位置包括額頭、眉心、眼角、口角、頸等，注射在腋下就可以封鎖汗腺，減少排汗。一般而言，同時間注射在面部多個部位亦無不妥，要注意的是會否影響到日常肌肉動作，包括距離眼眉 2 厘米內的位置，或會因藥物滲入眼眶，以致出現眼瞼下垂、睜不開眼的情況，注射在咀嚼肌時則須注射得深，否則會影響到淺皮層的第七條神經線，以致嘴角下垂。不幸出現這些情況時，就只能等候，大約 8 星期後神經末梢會再度生長出來，恢復活動。

眉心的皺紋

肉毒桿菌注射不當而引致第七條神經暫時癱瘓

注射位置有瘀傷 傷口 服食薄血丸 不宜注射

　　若注射位置附近有瘀傷、傷口，又或是正在服食薄血丸的人士，皆不建議注射。另外，患有哮喘、肺氣腫或重肌無力症等的人士，不宜注射，因注射藥物或會令呼吸肌肉無法活動，嚴重可致命。

注射過量會中毒

　　本港時不時出現懷疑因注射肉毒桿菌針而中毒的個案，中毒的原因很可能是注射份量太多。事實上，醫生會用鹽水稀釋肉毒桿菌素，而且注射的份量可以極少，視乎肌肉面積、皺紋數量等多個因素，例如每 1 毫升有 100 個單位，如果針對魚尾紋只會每邊注射 3 個單位。

不良反應盡快求醫

　　一般肉毒桿菌要發揮效用需要 6 小時，如果剛注射完小腿就出現腳軟，或注射完小腿出現手臂無力的情況，就有機會是中毒。若注射後 2 星期內感到肌肉乏力、呼吸困難或看東西時有重影，同樣是中毒的跡象，需要盡快到醫院求助。

　　外國有研究顯示，數以百萬計的人注射肉毒桿菌素後，會有幾十人出現中毒，而注射後死亡的個案絕無僅有。如果將 3,000 個單位的肉毒桿菌素一次過注入人體，約一半人會死亡，但每樽肉毒桿菌素只有 100 個單位，除非一次過注射 30 樽才有致命風險。

認可資格醫生判斷　是否適合接受療程

　　有意注射肉毒桿菌的人士，應先仔細考慮是否有需要，然後找有認可資格的醫生，判斷自己是否適

合接受療程，並可詢問醫生選用什麼牌子的肉毒桿菌素、是否值得信賴。而醫生一般會詢問有關病史、會否有過敏、是否需要長期服藥、曾否注射肉毒桿菌後有不良反應等。

網購肉毒桿菌素有風險　注射應由醫生處理

　　坊間又有人網購肉毒桿菌素，但消費者無從得知其成份，如果運送過程處理不當，可能令肉毒桿菌素失去效力，譬如溫度太高就會令肉毒桿菌素失效，注射後不會產生效果。肉毒桿菌作為侵入性治療，應由醫生處理，因為醫生較了解療程運作，亦更準確掌握神經和血管的位置。

5

肉毒桿菌點打先見效

　　想去皺紋，大家很容易就想起打肉毒桿菌針，但其實肉毒桿菌並非對所有皺紋都有效，而且效果一般只能維持 10 星期至幾個月，所以隔一段時間就要再打。有些人卻會出現越打越無效的情況，這有機會是受抗藥性影響。

對靜態紋無效

　　肉毒桿菌去皺的原理，在於抑制神經末梢釋放「醋膽素囊泡」，阻止肌肉如常收縮，所以對於面部肌肉活動時出現的「動態紋」能產生較佳效果。相反，「靜態紋」指面部表情放鬆時仍會出現的皺紋，即如果睡眠時都會出現的皺紋，因為與肌肉收縮無關，打幾多肉毒桿菌針都不會產生效果，例如額頭上的「川」字紋。若然長期活動面部表情，亦都有機會令動態紋變靜態紋。如果想處理靜態紋，可透過拉緊皮膚使皺紋減退。

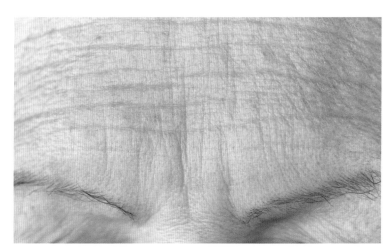

靜態紋

眉心 眼下紋不宜注射

　　要注意，動態紋位置通常在活動肌肉，注射肉毒桿菌後可能令面部表情生硬或影響外觀。舉例說，在眉心注入肉毒桿菌，有機會令人難以睜大眼睛，在眼下紋注入肉毒桿菌，則有可能出現眼袋。因此，不能一概而論說動態紋就可以打肉毒桿菌。

醫學美容上，通常會使用專用幼細的針來注射肉毒桿菌，一般只塗麻醉膏來麻醉表面皮膚，所以不會打麻醉針。

因為身體會自行製造新的神經末梢，再度接收醋膽素囊泡，肌肉就能再次收縮，令到肉毒桿菌針的效力減退。如是者，注射肉毒桿菌針的人士需要每幾個月就再打一針，而持續注射幾年後，部分人的身體會產生抗藥性。

注射肉毒桿菌針後起效時間表

療程後	6 小時	1 至 3 天	6 星期	10 星期至幾個月
肉毒桿菌反應	開始見效	見明顯效果	見最佳效果	可維持效果

肉毒桿菌是一種不穩定的毒素，要透過加入一層蛋白質包圍毒素，才能令毒素穩定。而研究顯示，約 5% 人有機會對該蛋白質產生抗藥性，導致肉毒桿菌針越來越無效。肉毒桿菌又分為七種，現時主要用 A type，若產生抗藥性就需要轉用 B type。現時提供 A type 的廠商正改良注射劑，相信未來可減低抗藥性出現的機率。

永久效果存風險　心臟　呼吸有問題風險高

　　另一方面，多次注射肉毒桿菌後，會令該肌肉纖維化及萎縮，以致該肌肉不再活動，有機會達至「永久」的效果。可是這類療程並非人人都能接受，也存在風險。如注射份量太多或本身有心臟問題、呼吸問題（例如哮喘）等，有機會導致中毒，令正常肌肉不能活動，出現手腳發軟。

注射後注意事項

　　注射之後的日常保養亦很重要，尤其是注射後 3 日內不應做劇烈運動、喝酒、打邊爐，以免促進血液急速流動，令毒素流向身體其他部分，又要避免注射位置進行不必要動作，以免肌肉增生，例如注射完咀嚼肌後不宜食香口膠。

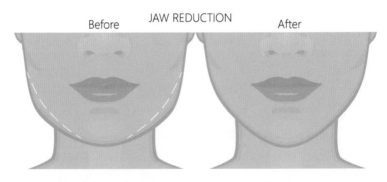

注射後效果，腮部明顯變尖

（本文部分內容曾刊載於香港經濟日報 ToPick）

眼瞼下垂影響視野　手術可改善

　　有否發覺家中長者常常喊眼睛疲勞、頭重重和頭痛？但可能跟頭和眼睛沒關係，反而是因眼瞼下垂所致。眼瞼下垂或稱眼皮下垂，分先天和後天。後天個案較多發生在本港 60 歲以上長者，下垂多數發生在外側的眼皮，造成俗稱的「三角眼」，眼尾位置遮蓋部分瞳孔，令原有的視野收窄。

手術可改善影響視野的「三角眼」

　　眼皮下垂嚴重到遮蓋視野，患者自己也清楚，只不過有些長者覺得視野受阻、頭痛頭重都屬小問題，用不著開刀做手術。試過有患者告訴我，平日在家會用膠紙貼住眼皮和額頭，以暫時舒緩情況。

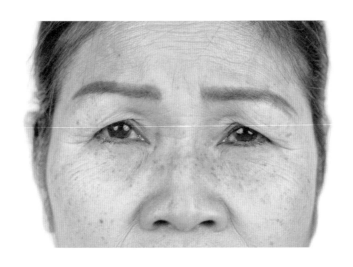

　　不過，當中亦有不少年長患者為重拾生活質素而選擇做手術。醫生一般會建議進行手術把多餘的眼皮切除，再用幼線縫合，把眼皮提升之餘亦可令眼瞼能夠閉合，若使用射頻或超聲刀治療，效果則沒那麼明顯，不太適宜採用。

　　手術聽起來簡單，但其實事前涉及很多、很精密的盤算。眼皮由睫毛至眉毛的一個小小位置，其實

每部分的皮膚厚度也不一樣。若眼皮厚度較薄的話，就可在雙眼皮摺疊的地方下刀，如此一來效果理想而且小疤痕都收進雙眼皮裡，不易察覺。

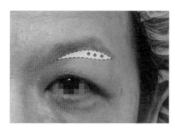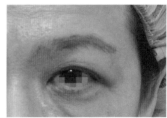

把多餘的上眼皮切除，疤痕隱藏在眼眉毛下

　　但萬一遇上皮膚上厚下薄或單眼皮患者，就需要更精準的計算，否則術後可能會出現厚眼皮下墜，令患者看上去經常「眼腫腫」，或需要眉下切割術。處理另一較棘手的問題，就是額頭皮膚連同眼皮一起下垂，這樣的話就要先接受額頭提升整形手術，下一步才進行多餘組織移除手術，否則割幾多眼皮也是徒然。

很多患者最關心術後的效果，基本上絕大部分接受過手術的人也能回復原來的視野，因眼皮下垂引起的頭重、頭痛和眼倦的問題也會隨之消失，而且容貌也會有較大的改變。至於問題會否再出現，理論上是會的，但如前所述患者通常都是六、七十歲的長者，等到眼皮再下垂到要動手術，可能已是幾十年後的事了！

戴隱形眼鏡者易眼瞼下垂

　　較少見但仍值得一提的是，眼瞼下垂其實亦有可能發生在年輕一族身上，當中大部分患者也有配戴隱形眼鏡的習慣。由於長期頻密而且過度用力的拉扯眼皮，導致眼皮肌肉筋腱及眼邊硬膜分隔，令眼皮越發下垂。此問題的醫治方法也是以傳統手術為主，主要是將筋腱和硬膜重新縫合，但假以時日問題還是會再出現，故建議配戴隱形眼鏡人士要盡量輕手，以免眼皮受損。如有些患者眼皮下垂是因為

內科問題例如重肌無力症（Myasthenia Gravis）引致，那便要採用藥物而非手術治療。

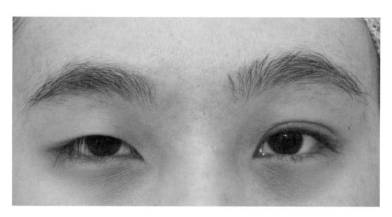

眼皮下垂，眼睛的反光點跟雙眼皮距離的差距

（本文曾刊載於 iMoney）

第三章

去掉煩惱 ── 大肚腩

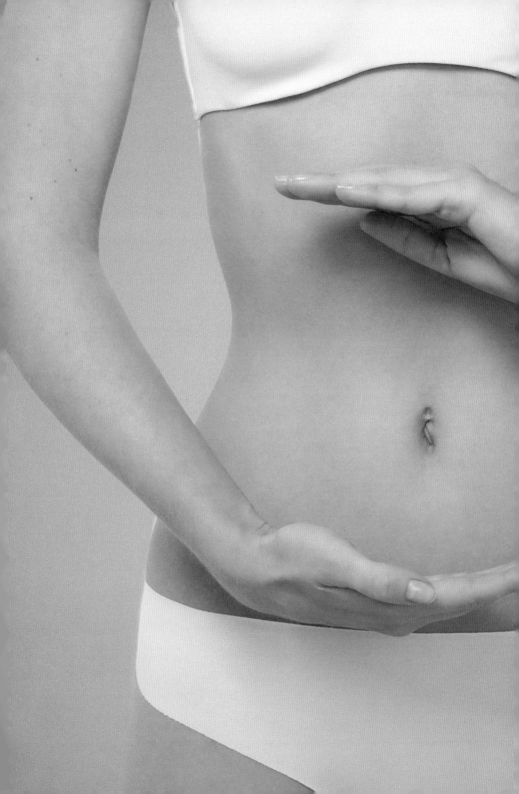

1

大肚腩與腹部整形手術

　　沒有人喜歡有個大肚腩掛在身上，但原來有些大肚腩的形成，就算不斷做運動，天天狂做仰臥起坐（sit up），也無法收緊鼓脹的肚皮或效果不彰。因此，若先認識引致大肚腩的原因，再針對每個人不同的實際情況，從而採取合適的方法除掉大肚腩，相信可以達致較佳的收腹果效。

少運動 年紀大骨骼縮短 易有大肚腩

　　概括而言，引致大肚腩的原因包括懷孕、飲食不節制和缺乏運動，都會令皮下脂肪積聚，以及過度肥胖並大幅減磅後引致腹部的皮膚和肌肉鬆弛，形成大肚腩、水桶腰，嚴重時腹部更會下垂出現皺紋及摺疊的情形。另外，隨著年紀漸長，人的每格脊骨之間的軟骨會縮短 1 毫米，加加埋埋會使人矮了 3 厘米，脊骨縮短的結果是將肚腩擠了出來。

因應年紀的增長，脊骨的骨骼與其軟骨會因應縮小

懷孕生育後　易有大肚腩

　　婦女懷孕時，肚皮好像冷衫一樣被越拉越長，甚至撕破真皮層。由於表皮層無受影響，肚皮上並沒有傷口，只出現一條條紅色或紫色的血痕（亦即妊娠紋），但拉傷的皮膚在生育之後會令肚皮失去彈性，加上皮下脂肪積聚，腹部鼓起形成肚腩。

過度肥胖　大吃大喝　易有大肚腩

　　一些過度肥胖的人在大幅減磅之後，例如由 400 磅減到 200 磅，雖然肚內的皮下脂肪已經被減去，但由於皮膚和肌肉失去彈力，鬆弛的肚皮積聚起來也就形成肚腩。若飲食過量不節制，餐餐大吃大喝，過量攝取卡路里導致腸臟脂肪積聚，加上懶做運動，容易形成大肚腩。

　　對於因為懷孕生育，或因過度肥胖而大幅減磅出現大肚腩的人，由於腹內的臍白線已經被拉闊，即使努力運動將皮下脂肪減去，但肌肉放鬆時仍見到肚皮鼓起，肌肉拉緊時則見到多餘肚皮的皺紋和摺疊，因此很難靠運動收緊肚皮，在這些情況下，可以考慮透過腹部整形手術收緊肚皮。

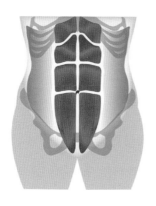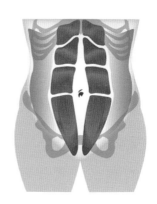

腹內的臍白線因為懷孕生育被拉闊

腹部整形手術需全身麻醉

　　腹部整形手術是大手術，需要進行全身麻醉，手術歷時幾小時。手術過程中，醫生先從小腹剖開切口，若見到被拉闊了的臍白線，會重新縫起來，然後割走肚臍以下的壞皮，並將多餘的皮下脂肪抽走，

但手術會留下一條長長的疤痕。醫生通常會將收口做得很低，盡量將疤痕藏到內褲或泳衣覆蓋到的範圍，但手術無可避免會令肚臍外圍也會留有疤痕，醫生應在事前告訴求診者手術帶來的後果，讓求診者慎重考慮。

專科醫生檢查評估 是否需要及合適做手術

求診者在考慮腹部整形手術之前，應先由專科醫生檢查，評估腹部的肌肉及皮膚的鬆弛度，是否需要及適合接受抽脂手術或肚皮整形手術。婦女如果準備將來要懷孕，最好暫時不要進行腹部整形手術。因為懷孕期間腹部的膨脹，會再次令皮膚變得鬆弛，失去效果。

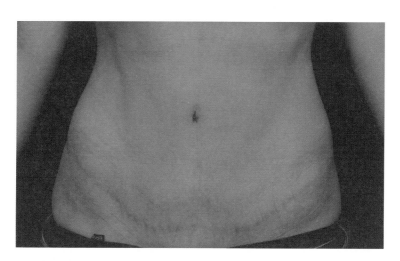

腹部整形手術後在肚臍周邊和下腹的長疤痕

　　腹部整形手術的危險性很低，但手術後初期會覺得好似穿了緊身衣，肚皮被拉得好緊及有痲痺的感覺，需要住院約 1 星期。術後 2 星期內應保持腰部輕微彎曲，讓腹部皮膚適應，大概 3 至 4 星期後會感覺肚皮放鬆，回復正常生活。

術後不能暴飲暴食

　　但有一點很重要，由於手術後肚皮收緊，食少少也會覺得飽，所以千萬不能暴飲暴食，否則肚皮又會再被撐開。曾經遇過一位接受收緊肚皮手術的人，手術後再度狂食，結果不到幾個月又變回水桶腰。所以，如果想要維持良好體型，手術後也要有恆心節制飲食！

　　適合接受手術收腩人士：

- 不打算再懷孕
- 肚腩由皮下脂肪所致，非腸臟脂肪
- 臍白肌已被拉闊
- 不是疤痕體質
- 手術後願意節食

2

非入侵性處理肚腩

　　要趕走腰間鬆弛的「水泡」當然並不一定要進行開刀抽脂的大手術，尤其是產後媽媽想回復昔日美好腰線，但運動效果卻不似預期，其實可以透過超聲波、冷凍、熱力等三種非侵入性的方法重塑纖巧身型。

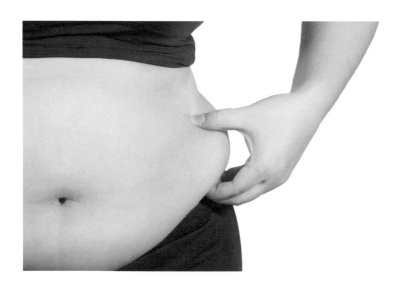

對於年輕一族，透過運動和均衡飲食去燒脂減肥，是收緊肚腩的其中一個最健康有效方法，然而，對於媽媽們來說效果卻未必一樣，尤其是年過 35 歲之後，皮膚一旦被拉鬆了並不容易再次收緊，更甚者，皮膚已經拉傷並留下妊娠紋，這情況下可以靠科技儀器幫幫手。

非入侵性處理肚腩方法

第一是透過儀器將超聲波打入腹部，每打一下能夠破壞 1 立方毫米即體積較芝麻還要小的脂肪，由於並不能操之過急，每次療程能處理的脂肪量大約一茶匙，要全面去脂必須定期進行多次療程。

第二是冷凍「溶」脂，這方法是利用了脂肪細胞不耐冷的特性，以冷凍技術將脂肪細胞破壞。療程是先利用儀器吸起肚皮的一部分，然後透過增加壓力令脂肪凝結成晶體，最後壓碎脂肪冰粒就能破壞脂肪細胞。身體會將此等脂肪自然吸收排出體外，

從而達至去脂效果，但每次療程只能處理被吸起部分的百分之十至二十脂肪。

　　第三種方法是用熱力「燒」脂，由於脂肪不耐高溫，利用光學或射頻能量產生熱能的原理，用儀器將激光、射頻打到要消除脂肪的部位，脂肪細胞被加熱後會溶化並釋出脂肪酸，隨著新陳代謝排出體外。可是這方法亦有熱傷的可能。

　　值得一提是，此三種方法只適用於皮下脂肪，對減少腸臟脂肪無效，亦不能同時間消除懷孕所致的妊娠紋。要處理妊娠紋，則可以利用分段式激光（Fractional Laser），透過打針將皮膚局部破壞，繼而收縮，達至妊娠紋收細的效果。但由於各人的妊娠紋嚴重程度不一，故須按每次療效決定要重複做多少次療程，而且妊娠紋最終只能變幼，不會完全消失。

不打算再懷孕　才考慮腹部整形

　　據我觀察，要透過開刀接受收緊肚皮整形的多數是 40 多歲的女士，大概是生完 BB，又不用經常貼身照顧小朋友，但肚腩很大去不掉。當中有些較嚴重的個案是肚皮已經下垂至出現褶痕壓住肚腩下的皮膚，令其出疹。通常情況最明顯的是「肥人又肥胎」，即本身較肥胖而胎兒亦很大。我曾經遇過一位生完雙胞胎的女士，最後割出 3 至 5 磅的肚皮及皮下脂肪。

　　另一類則是在香港較少見的大幅減磅人士，體重由二三百磅突然減至一百多磅，肚腩和屁股的皮肉脂肪都鬆弛下垂。要處理此類個案，動刀割肚皮時就會沿著腰前後劃一圈，縫起來之後就連屁股也可以提起，達到塑身效果。

啤酒肚不能將脂肪抽走

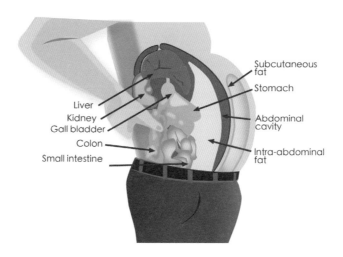

男士則多數帶著啤酒肚來，但一經檢查便知道手術不會奏效。因為肚腩雖大，但如果不是皮下脂肪，即使打開肚皮也不能將脂肪抽走。這種情況是腸臟脂肪積聚，要透過控制飲食和運動來減肥，或以胃內水球、縮胃、胃繞道等手術協助。

而要分辨皮下脂肪和腸臟脂肪，最簡單就是用手
揩一揩肚腩，感覺到肚皮很薄的就意味著令肚子脹
起的是腸臟脂肪，非皮下脂肪。這時候可以考慮的
是胃內水球，令胃部常有飽脹感，從而減低食慾。
不過，我也知道有些很喜歡食東西的人，會飲朱古
力水止癮，節食減肥殊不容易。

第四章

隆胸之迷思與認知

1

隆胸手術知多少

　　隆胸，是一種選擇。這選擇由你決定接受手術一刻，就要很清楚自己想要什麼，由麻醉、揀植入物、要隆多大、怎樣的形狀、在哪處開刀等等，從一連串的層層緊扣的抉擇中找到最適合自己的一套，不致後悔。

手術前謹慎考慮 抉擇

　　一談到隆胸，相信很多人可能只會立即想到由 A cup 變 C cup，32 吋變 36 吋那感觀上的改變，但其實當中要考慮的因素豈止尺寸這麼簡單，除了求診者本身要有明確的意願，也要配合其骨架和體形特性。以選擇假體植入物而言，若本身屬胸部平坦型，較適合選用「水滴形」的植入假體，使其隆胸後乳房形狀較自然，若堅持要揀「圓形」務求大升 cup，術後則可能會呈現「警鐘胸」。因為「圓形」假體較適合本身有一定乳腺厚度，但想透過隆胸使

其再升 cup 至更高級的女士們。若選擇以自體脂肪隆胸，更要視乎本身脂肪量是否足夠等。

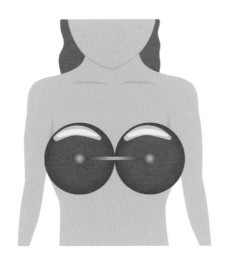

　　選擇了合適的假體形狀後，就要決定胸部要增大的程度，因為假體本身像是一個砵仔糕般的三維立體，其厚度一般由 3 厘米至 5、6 厘米，這尺寸會決定乳房的凸出程度，假體的直徑闊度則分為 10 厘米至 15 厘米，是因胸骨闊度決定。

然而，有時也會遇到一些「害羞」的求診者，隆胸前不敢講自己想要很豐滿的效果，但術後卻嫌胸部未夠大，欠了一些洶湧之感，想再大一點。

開刀位置　謹慎抉擇

當選定理想乳房後，就要作出另一個會影響一輩子的抉擇——在哪裡開刀？為什麼會有如此深遠影響？因為東方人接受開刀手術後，多多少少也會在皮膚留有疤痕，一旦本身屬疤痕體質的女士，手術後可能會後悔一生，因為難看疤痕會跟你一世！

隆胸手術開口主要有四個選擇：乳暈、腋下、乳房下褶位、肚臍。由於開口要有 5 厘米大才能放入假體，故手術後的疤痕會否容易被人看見是抉擇的關鍵。在乳暈開刀，傷口出現在乳暈下方呈 U 形，好處是不易被發現，只有最親密的伴侶仔細察看才知端倪，但乳頭的敏感度或會因手術而減弱，影響

滿足感。而且在植入假體時，有機會會經過乳腺造成影響。

　　在腋下開刀則可避過乳頭受影響的問題，開刀位一般會依著腋下褶位而切，從而減低疤痕呈現的問題，但因為腋下與乳房的距離較遠，透過這細小的開口植入的假體也不能太大。

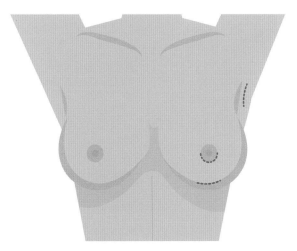

硅膠假體隆胸常用的切口，包括腋下、乳暈邊和胸線底部

在乳房褶位開刀則在西方國家較為流行，因為西方女性本身的乳房較大，褶位之深足以隱藏開刀痕跡，白種人本身亦較少會有手術疤痕問題。然而，東方女性若在乳房褶位開刀隆胸，日後穿上比堅尼泳衣或有機會露出那道疤痕。

至於在肚臍開刀則主要適用於使用鹽水袋假體，因為捲起的鹽水袋可經由肚臍那個只有約 1 厘米的開刀口植入上胸部，然後注入鹽水，但肚臍那道疤痕一般會較難看。

隆胸手術宜做一次　不要隨便再改動

一切準備就緒，就要決定手術接受全身麻醉還是局部麻醉，前者需有麻醉醫生，故費用會較貴，但隆胸者可免除在手術過程中忐忑不安，睡醒一覺手術便完成。女士們在隆胸手術後首周，應盡量避免上臂有太多郁動，而且並不是每個隆胸者也需要按

摩乳房，視乎醫生建議。術後若要進行乳房檢查，
要改用超聲波或磁力共振，以避免 X 光造影時的擠
壓。

經過一連串選擇過程而得出的最終隆胸效果，是
否令人滿意，一定程度上涉及最初的期望管理，要
記住，人無完美，隆胸手術，最好只做一次，不要
隨便改動再做。

2

隆胸手術──細談植入物

　　隆胸效果是否夠大夠挺夠自然，揀選適合大小假
體固然重要，植入物料也擔當著重要角色，甚至是
整個隆胸手術長遠是否安全持久的關鍵，以下會談
談有關隆胸的植入物，包括鹽水袋、矽膠、自體脂
肪移植等。

要好好選擇適合自己的植入物

其實自有隆胸手術以來，醫學界一直也在尋找理想的乳房假體物料，最好是手術開口細，但要隆多大有多大，效果堅挺得來要自然，不易變形移位又耐用。但所謂「針無兩頭利」，以近年較受女士們關注的自體脂肪移植隆胸說起，其實並非「減肥同時豐胸」這麼簡單。

自體脂肪較自然安全

自體脂肪是最自然和安全的隆胸「物料」，比起其他人工植入物，身體出現排斥的機會最低，但不是人人也適合，為什麼？因為香港女士最大的問題是不夠脂肪。

「不是抽肚腩脂肪出來移上去就行嗎？」要知道，想透過隆胸手術增加魅力和自信的女士們，本身對其身型也有要求，極少是周身脂肪肥胖型，更多是節食減肥的長期擁躉，甚至是減得太瘦。

要隆胸升 cup，以每邊乳房要植入 200 至 300 毫升脂肪為例，即合共要 400 至 600 毫升脂肪。由於並不是所有抽出的脂肪也能用於移植，例如混雜太多破壞了的脂肪則不能用，所以至少要抽取 800 毫升至 1 公升脂肪作篩選。

大腿臀部　頑固脂肪最理想

一支大樽裝汽水份量的脂肪！有求醫者說：「醫生，給我時間增肥，幾個月後回來找你。」然而短時間谷出來的脂肪並不夠實在，很容易被身體吸收。反之，本身體型屬於「啤梨形」，擁有一雙如何減肥做運動也纖不了的肥壯大腿和超級豐滿臀部，俗稱「豪華臀」，其所藏的頑固脂肪則最為理想。

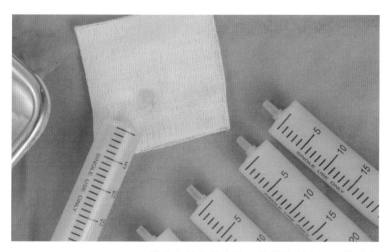

抽出來健康的脂肪，準備注射在需要的地方

　　醫生會用一支如幼小飲管的儀器注射適當藥水，然後吸出來（抽脂），抽出來的脂肪是微細的粒粒，如種豆般逐粒植到胸部皮下或肌肉面，手術歷時 3 至 5 小時。首次手術的脂肪成功植入率為六成至八成，但 3 個月至半年後，植入的脂肪會完全融入胸部的皮下脂肪，有需要進行第二次或第三次手術，因此選擇此方法隆胸的女士們要接受到她們要面臨多次手術。

隆胸物料轉換了幾代

其實最早期的隆胸植入物是六七十年代的第一代矽袋，那時候的矽膠質料較硬，欠缺手感，第二代矽袋變薄了，但出現穿漏問題，令人關注滲漏出來的液體矽膠對身體的影響。因此，到了七八十年代開始盛行鹽水袋，其好處是即使袋穿了身體吸收鹽水也無害，而且鹽水袋可以捲起經由較細的開刀口放入乳房內，然後才注入所需份量的鹽水。

因為水會盪漾的特性，部分女士隆胸後行起來也有胸前晃盪澎湃之感，不禁心裡暗爽。然而，當姿勢變成俯仰時，卻會令乳房出現水紋而有違自然感，加上穿漏問題，故現在主流假體植入物也是矽膠，而當中有分滑面和啞面，後者的作用是令假體植入後不易移位。

術後跟進 策安全

　　值得一提的是：矽膠隆胸物料被發現與一種稀有淋巴癌症有關，2019 年美國食品及藥物管理局公布，全球已確診的 511 宗間變性大細胞淋巴癌（ALCL）個案中，有 481 宗與某一牌子的啞面矽膠隆胸植入物有關（發病率少於 1:60,000）。該品牌須全面回收產品，香港衞生署亦有相關公布，但本港並未發現個案。

　　當年我也有聯絡曾使用相關植入物的求診者作跟進檢查，確認並無問題。醫學界相信，這可能與該產品植入後身體對其有排斥而長出一層硬膜，硬膜再出現病變有關。所以，術後跟進對隆胸者的安全甚為重要。

3

哺乳的改變　手術可補救

　　人的外貌體形會隨著不同的年齡階段而轉變，其中女士們的乳房形態轉變更為明顯，懷孕期乳房會因荷爾蒙轉變變大，那前所未有的滿滿充實感，肩負起為即將誕臨的小生命提供足夠養份的使命，但不少媽媽餵哺母乳後會發現自己的乳暈變了樣、胸部下垂了……隆胸以外，可以怎補救？

　　婦女在懷孕期乳腺組織會增生令乳房明顯脹大，產後哺乳期乳腺會更發達，令乳房非常豐滿，但隨著嬰兒斷奶後媽媽乳房會開始收縮，部分人會發現乳房周圍的皮膚被懷孕期和哺乳期的豐乳拉大了，但乳房內的脂肪減少了，出現乳房下墜或凹陷情況，乳房上半部的脂肪像是消失了，只剩下下半部的脂肪晃盪著。

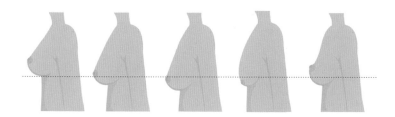

乳房下垂的種類

　　此外，由於母乳媽媽的乳頭在持續數個月內不停被嬰兒吸啜，乳暈會越啜越大，部分人的乳暈甚至大至直徑 8 厘米，與此同時，乳頭受到嬰兒舌頭不停刺激而變得突出，長達 1 厘米如「珍寶珠」般，加上體內荷爾蒙的改變，乳暈的顏色也會變深。

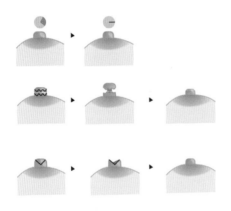

不同乳頭收縮手術的方法

　　當然不少婦女會視之為人生必經階段，欣然接
受，對於母乳餵哺我本身很支持，但也有女士們因
而受到困擾，前來求醫希望能透過手術作補救。而
相關手術主要是在圍繞乳暈的邊緣開刀，選好乳暈
所需尺寸後以專用器材，對準乳暈一按便能裁出一
個圓邊切口，切除「過多」的乳暈外圍。醫生按乳
房鬆弛下垂程度和當中的脂肪量，手術前徵詢求診
者是否需要植入假體使胸部回復堅挺，若不需要，

則以乳頭作圓心將乳暈外圍的鬆弛皮膚切除，然後用手術線將相關切口索緊，像是將吹氣氣球呼口位拉緊一樣，重新與乳暈縫合。

　　手術後乳暈會變成一個界線很明顯的小圓形，不會像從前般自然，乳暈外圍除留有手術疤痕外，亦會有因索緊皮膚手術造成的皺紋，但皺紋一般會在 9 個月至 1 年後減退至不太明顯。至於乳暈的顏色，也有專用藥膏可使其透過脫皮而變淡，但是只是治標不治本，一旦停止用藥，顏色會變回深色。

　　要注意的是，相關手術有機會令乳頭的敏感度減弱，甚至失去感覺，影響滿足感。手術後乳腺會有閉塞問題，一般建議最好完成了生育計劃才接受此手術。不過以往案例顯示，手術後 3 年乳腺會逐步恢復正常可再餵哺母乳，但母乳量或會減少。

縮胸手術

　　此外，亞洲女性或會因乳房下垂須透過手術索緊胸部皮膚，然而，西方女性更常見的是因為胸部太大而要接受縮胸手術。我以前往英國進行交流培訓時，當地醫院基本上每天也要進行數個縮胸手術，因為英國較多女性有肥胖問題，而且胸部也較大。有患者乳房巨大如胸前掛有 5 公斤米，頸部肌肉被嚴重拉扯，接受 X 光檢查更發現其脊骨因而有老化問題。眼見有年輕女患者因胸部實在太重，所戴的胸圍肩帶在長年累月下將其肩膊拉扯至皮膚破損出血，那種痛苦可想而知。

　　縮胸手術的目的是透過縮減患者胸部的容量和重量，解除其因胸部龐大造成的健康危害。由於要確保患者在手術後維持原有正常的乳房形狀，故開刀口不能隨意亂割，醫生會在患者的乳暈下方開一條直線，切除多餘的乳腺和皮膚組織，若乳房太巨型更會在此垂直切口下再開多一條橫線切口，如一個

倒轉的 T 字，以切除乳房底部的組織。手術最重要是必須保存在乳頭和乳暈組織的血液供應，避免乳頭因缺血而萎縮，甚至潰爛，嚴重破壞術後胸部外觀形態。

4

乳癌患者重塑乳房 重建自信

　　常說女為悅己者容，但我經常提醒前來求診的女士們，切勿為了取悅身邊另一半而隆胸，更不要期盼隆胸後可挽回破裂的婚姻，因為一段感情關係非單憑外貌維繫，反之，女士們更要懂得從自身出發，讓自己享受那來自胸部的自信，或穿上衣物後展現更佳形態，活得更開心，才是最重要。

　　隨著社會開放，隆胸已經不再像二三十年前般令人難以啟齒，接受隆胸手術的女士們年齡層和背景也很廣泛，其決定隆胸背後的原因眾多，但我曾遇過求診者透露，希望隆胸後乳房升級「大過那小三的」，原來她想藉著隆胸擊退情敵。這想法十分危險。試想想，若她隆胸後伴侶仍捨她而去，她會認為隆胸手術失敗而後悔莫及嗎？

　　胸部是女性最明顯的性徵，很多人隆胸為「變靚啲」，提升個人吸引力，這是個人選擇，只要明白隆胸不是為討好其他人亦無可厚非。

但是，其實有一部分隆胸者是因為身患乳癌，必須透過胸部手術以重拾自信和自我形象，走出病患陰霾。普通隆胸手術和乳房重建手術最大分別，是前者乳房結構基本上並無健康問題，只須植入假體，但後者乳房因為病變而須切除一部分，甚或整個切除了，大部分人連乳頭也保不住，那外觀的巨變帶來的心理影響，無論對患者本身或其伴侶也相當有意義。

肚腩脂肪　適合已生育者移植

失去了乳房，要找什麼來填補？離不開自體組織和假體植入物。若患者屬中年並已生育，肚腩儲存了厚厚的脂肪，醫生可在肚臍底下、陰部以上割出皮膚、皮下脂肪和少量肚筋膜，連著血管和本身的肌肉，一併移植到胸部。這做法的好處是相關肚臍下的脂肪較鬆軟，質感和乳房接近，而且以自體組織重建乳房，若日後需要電療，其承受能力也較高。

加上本身割出來的皮下脂肪已有血管，移植接駁到
胸部便可回復生機，成功率高。

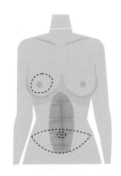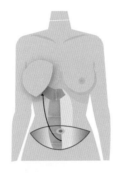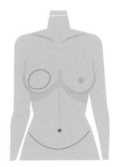

橫向腹直肌肌皮瓣乳房重建手術

背部皮肉脂肪　適合想生育者移植

　　若患者較年輕希望留肚生寶寶，不想割下肚皮脂
肪移植到胸部，則可選擇在背部取皮肉和脂肪移植。
另外，部分人會透過抽脂注入胸部，以達至重建胸
部效果，但因每次抽取的脂肪未必很多，故需要分
多次手術才能完成整個重建程序。

如果患者接受乳房切除手術後不再需要電療，則可透過植入假體重建胸部。此手術需先在割除了乳房的位置放一個可注入鹽水的擴張器，當皮膚癒合穩定後，擴張器內的鹽水可以逐步泵大，直至與原本正常的乳房體積相若，皮膚因而被拉鬆，便可取出擴張器，換入矽袋以完成乳房重建。

　　至於重建乳暈和乳頭，主要分兩個步驟：首先用局部皮膚組織，以一些模仿乳頭形態的特別的劃線和摺起的方法，使其立體凸起從而呈現乳頭模樣。當該皮膚組織癒合穩定後，再用紋身方法在上面紋上乳頭的顏色。由於首次紋上的顏色有機會變淡，故隔一段時間再要補色務求這個仿製乳頭與另一邊正常的乳頭相似。

　　為乳癌求診者進行的整個乳房重建手術，目的是幫助病患者走出乳房殘缺的心理創傷，踏上自信復康路，同時免除了她們使用義乳對生活帶來的種種不便。

香港乳癌基金會資料顯示，乳癌是本港女性的頭號癌症，患者確診年齡中位數為 58 歲，相對美國和澳洲患者年齡中位數 62 歲和 60 歲年輕。本港每 14 名婦女中有 1 人有機會在一生中患上乳癌，約半數乳癌個案都發生在 40 至 59 歲的女性身上。

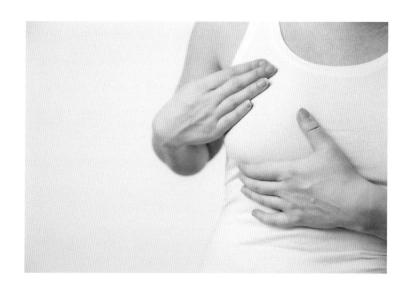

第五章

瘦腿是怎樣形成

1

抽脂瘦身　瘦腿有訣竅

　　對於女性的線條美，有些人會徘徊於 36、24 之間，但更多人會鍾情一雙又長又直的靚腿。當然腿長取決於身高確難以後天改變，但肥腿變瘦卻並非只能靠天生麗質，然而要瘦腿也要看其脂肪和肌肉結構，抽脂不是萬能瘦身大法。

抽脂瘦腿　大腿外側脂肪要多

　　先從大腿說起，不少女士天生容易在大腿外側或臀部積聚脂肪，俗稱「啤梨身型」。要檢查導致大腿粗壯的主因是肌肉發達還是脂肪積聚，其實很簡單，首先單腳站立，一隻手可以扶著椅背或按著牆等作平衡，另一隻手可以「搣一搣」提起了的那條大腿肌肉，如果發現可搣出一層厚厚的「肉」，這其實是脂肪。

肌肉型抽脂 效果不明顯

　　相反，如果不怎麼搣得起來，就代表這是肌肉。有些人天生骨架較粗，或者喜歡跑步、踩單車等經常用到下半身肌肉的運動，自然是肌肉居多。

　　當然，隨著抽脂技術越來越成熟，要對付大腿上難以單靠運動清減的脂肪，也可以透過抽脂去處理，達至瘦腿效果。不過，抽脂位置絕不是隨便見哪裡有脂肪就在哪裡插針去抽，應在大腿外側位置抽取脂肪，大腿內側抽脂不可抽太多。為什麼？這是因為內側的皮膚較薄，若抽脂太多會令表皮的支撐變弱而容易起皺，呈老態。

臀部抽脂 大腿線條拉長

至於處理「豪華臀」，鑑於臀部脂肪通常會積聚在曲線位以下，故主要會在那個三角形的位置抽取脂肪。這部分的脂肪被去除後會明顯凹下去，從而令整體身型曲線看起來向上提升，連大腿線條也會被順應拉長。不過有一點要注意，抽取臀部脂肪不能太貪心，連曲線以上的脂肪也抽走，因為這樣會導致非常明顯的「皺皮」。

抽脂手術全身麻醉

無論是大腿或臀部抽脂，手術在全身或局部麻醉下進行，並會注射藥水以起止痛及收縮血管的作用。血管收縮後，醫生會置入儀器先將脂肪溶解，使之變成油後再用另一支導管抽取出來，這樣可以減低脂肪之間的血管在抽脂時受到創傷。

全身抽脂不可取

　　雖然很多部位可以抽脂處理，但全身抽脂並不可取，即是說，不宜因為體重指標（BMI）高了一點點，就全身上下都抽一點脂肪。因為抽脂對身體而言是一個創傷，如果受傷的地方太多，身體反應也會較明顯，流血也比較多，危險性亦較高。最理想的抽脂人士，應該是局部肥胖，然後局部抽脂。

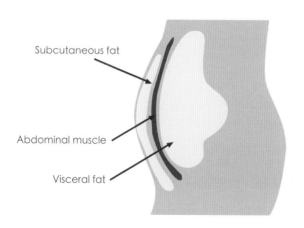

Subcutaneous fat

Abdominal muscle

Visceral fat

抽脂只可以抽取皮下脂肪，腸臟裡的脂肪是不能抽出

有趣的是，因著審美眼光和文化不同，亞洲女士嚷著臀部太大要抽脂的同時，南美洲很多女士卻會找醫生為其臀部注入脂肪使其更突出，「注脂」手術後要忍受連續數個月趴著睡覺，不能擠壓脂肪，但她們也認為值得，因為她們很喜歡穿比堅尼，覺得擁有翹臀才是完美身型。

追求標準身型 不如促進健康與自信

其實，脂肪是人體必需有的成份，正常人身體帶點胖也是正常，那些很瘦很瘦的平面模特兒人數，可能只佔人口中的百萬分之一，反而如此瘦削可能才是「不正常」。又譬如較早前在串流平台上熱播的韓國節目，一百人參加體能競賽，最終贏得冠軍寶座的也不是超級大隻佬、不是手臂粗過膞頭的人。所以，不一定要追求所謂的完美標準身型，一切只是關乎健康與自信。

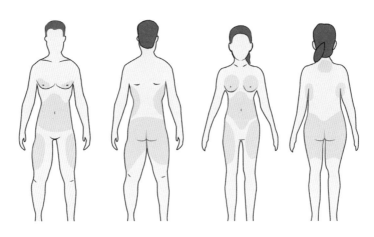

常見脂肪積聚部位

女士：肚腩、腰間、大腿內側、「馬鞍肉」
　　　（saddlebags）、臀部

男士：肚腩、腹部兩側

Q：跑步與踩單車，哪一種運動較容易令腿部變粗？

A：跑步比踩單車更能鍛煉到小腿肌肉，但踩單車的負重越大，越容易令腿部變粗。

Q：運動員退役後如果不運動，就會瘦？

A：會的，因為原本全身發達的肌肉會因而縮水，從而清減變瘦。

2

肉毒桿菌瘦腿
腿部肌肉運動要放棄

　　針對臀部大腿粗大，抽脂的修腿效果明顯，但對於小腿而言情況卻不一樣，因為小腿粗很多時候是因為肌肉結實，形成俗稱的「甲組腳」，要使其變幼最折衷的方法是不運動，令肌肉慢慢萎縮，但效果和速度難以判斷。想要行一條較快的瘦小腿捷徑，注射肉毒桿菌針是其一選擇。

良好腿部的線條

運動令腿肌肉結實

常說運動是最佳瘦身方法，但要擁有一雙又直又長的小腿卻不能靠運動，反之，運動過量甚至會令小腿變粗。為什麼？因為大多數人的小腿皮下脂肪也很少，外表看來較粗不是脂肪作怪，而是小腿內的兩條肌肉太發達，外觀看來小腿變得很粗壯。熱愛短跑、踩單車或攀石等運動的女生，腿部肌肉更為結實。

愛運動不宜打針瘦腿

以我經驗，前來診所選擇打針瘦小腿者多數是20至40歲的女性，我會先問問對方有什麼喜愛的運動，有需要運用哪些肌肉？是否願意放棄某些容易導致小腿粗大的運動？若對方覺得那項運動對她很重要不能放棄，可能便不適宜透過打針瘦腿了。

肉毒桿菌針瘦腿 6 至 9 個月有效

注射肉毒桿菌針瘦腿的原理，是利用肉毒桿菌素抑制神經末梢釋放「醋膽素囊泡」，令到肌肉接收不了醋膽素囊泡，從而不懂得如常收縮。但大約 6 個月之後，身體肌肉會製造新的「接收器」，導致肉毒桿菌素慢慢起不了作用。所以，有些人每年春天來打針，讓效果至少能維持一整個夏天，然後秋冬季可以再穿長褲遮掩回復粗壯的小腿，翌年春天再打一針，不期然就形成了一個周期。

打針後跑步很快打回原形

打針過程很快捷，完成可隨即自行離開診所，不過，接受了肉毒桿菌注射的小腿肌肉，因為不懂得收放，伴隨的副作用是令人無力運動，即使行路、爬樓梯也會即時感到肌肉弱了。如果打針後堅持繼續跑步，就會鍛煉到那塊埋在深層、薄薄的「比目魚肌」脹大，令小腿又再次粗起來，將原本打針瘦

腿效果可維持 6 至 9 個月，縮短至只有 3 個月。所以，針後必須減少跑步、不要時常行樓梯，甚至路程稍遠都應該搭車代步。

打針 1 星期後，小腿會開始變幼，大概 1 個月就會達到應有的纖瘦效果。如果本身肌肉很大，可以再打一次，例如踢足球有偏好用其中一隻腳，那邊的肌肉通常會較大，醫生要調整肉毒桿菌素的份量，以免出現「大細腳」。

抽脂瘦小腿成效不彰

除了打針，亦有人會選擇透過抽脂瘦小腿，不過值得留意的是，在膝頭以下的位置抽脂很容易變成水腫，所以抽脂手術完成後還要將小腿綑綁紮實大約 6 星期，而且，本身有心臟和腎臟毛病的人士亦不適宜抽脂瘦小腿，因為這類人士雙腳本身已有水腫問題，如果還要在小腿上抽脂，結果很可能是腫上加腫。

曾經有求診女士來找我幫她處理一雙粗如水桶的小腿，我為她在腳跟的位置抽脂。腳跟那個位置其實只有薄薄的皮，而水腫人士是可以從這裡抽脂，如腳跟夠幼，抽脂後就能夠顯出纖幼腿型。不過，正如前文所述，小腿的皮下脂肪很少，所以普遍而言，抽脂瘦小腿的成效不彰。

　　此外，還有一個入侵性較大並且難以逆轉的激進瘦小腿方法，就是割掉膝頭下的兩條神經，令肌肉失去了神經線的連接，自然萎縮變小。然而，這個不可復原的做法，隨著肉毒桿菌針的出現，已經被逐漸淘汰。

第六章

三千煩惱絲

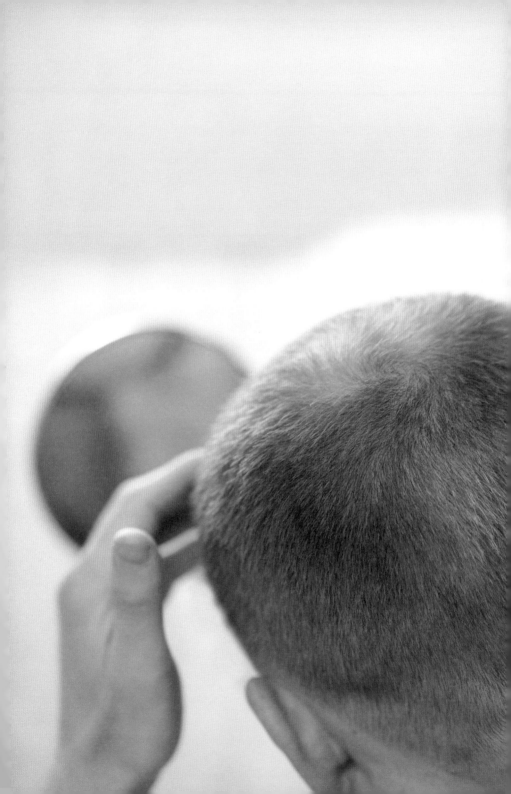

1

脫髮 禿頭之苦

　　脫髮禿頭、M字額、地中海，可謂是「男人最痛」之一，而求診整形外科的男士中，最多人想做的「變靚啲」項目並不是隆鼻、割雙眼皮，而是基礎要求：頭髮重現。不要看輕頭頂青絲的影響力，我曾遇過求診者外貌俊俏非常，一如金城武般迷人，但卻受禿頭困擾，靚仔頓成大叔。

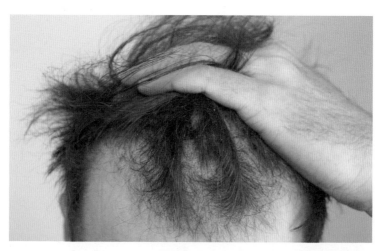

年青人也有脫髮的煩惱

頭髮脫落有周期

　　男士脫髮成因主要是受男性荷爾蒙影響，但這個「脫髮的掣」何時會啟動，以及因何會啟動，至今無人知。另外，壓力亦是導致脫髮的重要因素，而且不限男女。其實，人人也會脫髮的，正常人的周期是頭髮持續生長 5 至 8 年，之後休息 3 個月，此時部分頭髮會脫落，之後頭髮又再生長 5 至 8 年。

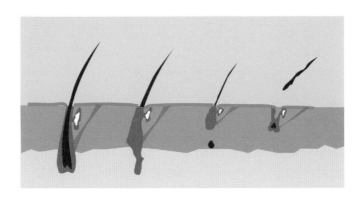

頭髮的生長期、退化期、休息期及再生長期

壓力也可引致脫髮

然而，受壓力影響脫髮的人士，頭髮可能生長了6個月後，便出現3個月脫髮期，之後6個月再生長，又再經歷3個月脫髮期。因為頭髮生長周期縮短，頭髮在短時間內脫掉，未趕及長回，又再脫，便呈現光禿。不少年僅20多歲的青年人，往外國讀書後出現大量脫髮的問題，其實也是壓力導致，因一個人在外地生活讀書，壓力實在不小。

若脫髮後，重新長回的髮絲依舊粗壯，未必需要過分擔心。然而，若新長出來的頭髮卻如毛毛一樣變幼了，卻是一個警號。一般而言，初步的處理方法是在頭皮搽藥水，令新長出來的頭髮粗壯一些，但搽藥水並不能解決男士因荷爾蒙引起的脫髮問題，這方面必須服藥治理。

頭髮稀疏　可考慮植髮

至於搽藥也無助髮質變回粗壯，並已有髮線後移和稀疏情況，則只能透過植髮，以「劫富濟貧」的原理，在頭髮仍濃密處取出頭髮，植到稀疏之處。

對於網絡流傳多種似是而非的另類生髮治療，包括在頭皮擦洋蔥水、醋、薑、蒜等，則全部未能證實有效，反之會帶來臭味。若頭皮因而受刺激出現敏感反應而脫皮，更會加劇脫髮問題，市民勿亂試。

（本文曾刊載於 iMoney）

2

新冠肺炎疫情成治療脫髮良機

　　持續逾年的新冠肺炎疫情令社交活動大減，原來不少愛美一族也在閉關之時趁機「變靚啲」，不單是口罩下的瘟痣、色斑等瑕疵悄悄消失了，這段「不用見人」的日子更成為男士們治療脫髮好時機，但部分人實在太遲才肯求醫令 M 字額、地中海已見嚴重，錯過最佳治療期。

脫髮有藥醫

　　俗語說「十個光頭九個富」，有男士因為脫髮，陪上司外出見客時常被人誤以為是「老闆」。因早年脫髮造成外觀早衰在職場帶來的尷尬事，令人煩惱。我肯定沒有男士希望是最少頭髮的那一個！但至今仍有很多男士並不知道脫髮其實有藥醫，不用靠偏方。

男士脫髮的正確學名為「男性型荷爾蒙脫髮」，大部分屬於家族遺傳，但因個人體質和環境因素不同，有機會是父輩在 50 歲才脫髮，但其兒子卻未到 30 歲已開始出現髮線後移或頭頂髮質稀疏的情況。若能在初現脫髮時已服藥治療，基本上不用進行植髮手術已經可以保住濃密的頭髮。

　　有關藥物是透過控制男性荷爾蒙，阻止睪酮轉化成為雙氫睪酮，由於雙氫睪酮會導致毛囊萎縮，因此阻止雙氫睪酮產生便可使毛囊恢復至正常大小。此藥一般須持續服用 6 至 9 個月才會初步見到成效，如停止服藥，脫髮問題會在半年至 1 年內重現。

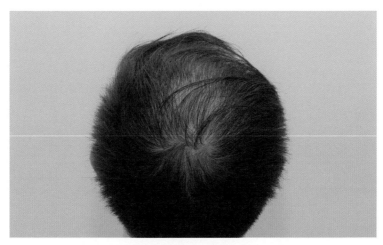

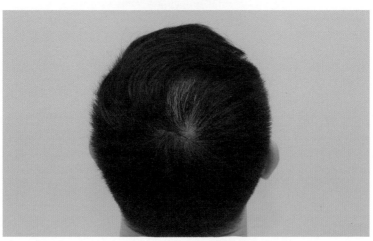

有些求診者用藥後能夠達到此效果

藥物平均有 1% 風險引致勃起功能障礙副作用

研究數據顯示會有 0.6 至 4% 的人會出現勃起功能障礙的藥物副作用，平均而言，出現這副作用的風險約 1%（當中包括減低性慾，乳房漲大，睪丸痛），但服藥後九成人能停止脫髮情況，六成人的地中海頭頂位置頭髮可重生，不過若已出現前額髮線後移，只有一至三成人髮線可再生。當明白風險機會和藥物療效後，求診者也毋須過分憂慮了。

然而，不少男士往往也是在呈現 M 字額，或發現自己頭頂髮質稀疏「見光環」才求診，服藥即使可止住繼續脫髮的現象，頭髮卻不能重生了，需要透過植髮手術，將頭髮連毛囊由後尾枕位置移植到前額和頭頂脫髮位置。

新冠肺炎疫情成治療脫髮良機

　　曾經有一名年約 40 歲的求診男士，本身天生明星相，只是脫髮令其顯老廿年，看來像個大叔阿伯，整個人也失去了自信心，但接受藥物和植髮治療後，他久違了的濃密黑髮重現，整個人也回復光彩和自信，看來像個年約 30 的後生仔。

　　病向淺中醫，植髮治療也一樣。在新冠肺炎疫情期間，上班族在家工作，不用外出見客應酬，造就了求診者接受治療後可安心在家復康。不過，若脫髮問題拖延太久，卻可能連植髮手術也不適宜。

植髮不能無限次

因為植髮手術基本上是將頭髮「重組」，由濃密處移植到稀疏處，整體頭髮數量其實並沒有增加，反之是「取一條少一條」，因此植髮手術也不能無限次進行。值得留意的是，雖然新移植的頭髮並不會輕易脫落，但其他位置的頭髮有可能會繼續脫落，所以患者需要更好地保養植髮以外的頭髮。

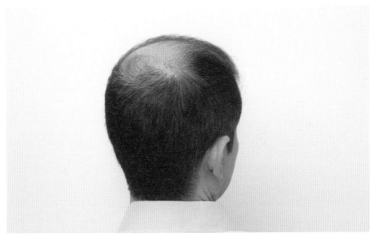

頭的後部可用的頭髮是有限的

（本文曾刊載於 am730）

第七章

創傷 疤痕 燒傷的處理

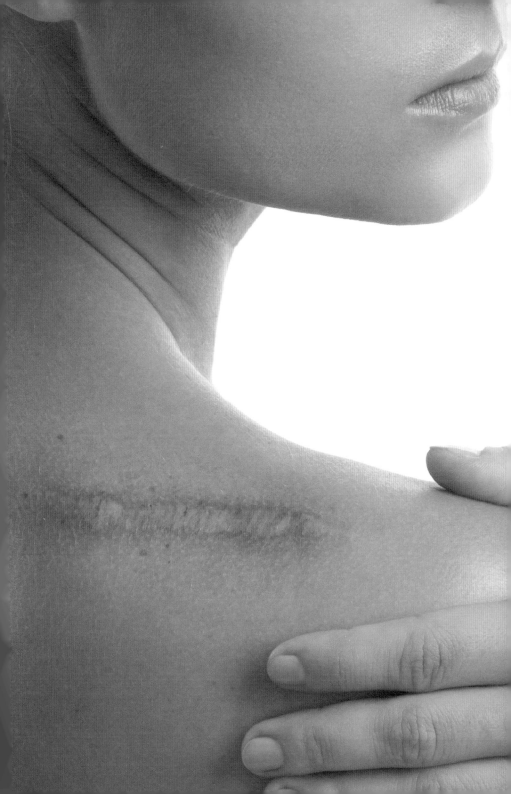

1

容易受傷 印記留痕

　　平日在生活上難以避免有碰碰撞撞的機會，尤其是愛搗蛋的孩子們，一旦受傷便令家長大為緊張，有「容易受傷」體質的人們，身上印記總是良久不散，但其實可能是忽略了創傷的正確處理手法。

傷口先消毒止血

　　受傷了應該怎樣做？第一步、亦是最重要的，是先止血和消毒，防止傷口惡化。與此同時，可檢視傷口的嚴重程度，例如了解傷口裡面有沒有皮膚組織同樣受創，再予以適當的處理，切忌拖延傷口不顧，否則容易有發炎、細菌入侵等風險。

擦傷傷口易埋藏塵埃 易生創傷性紋身

　　創傷傷口可簡單分為兩大類，第一類是一般擦損傷口，不怎麼流血；另一類是比較深的傷口，甚或令皮膚裂開，嚴重者更會傷及皮膚裡面的組織，須

特別處理。不要小看擦傷的傷口，以為可以自行痊癒，如果是不小心跌倒在地上、尤其是柏油路等地方，這些環境易招塵埃，如果擦損後埋藏了塵埃在傷口裡頭，傷口痊癒後長出的疤痕便容易出現黑點，稱為創傷性紋身，令外觀不好。

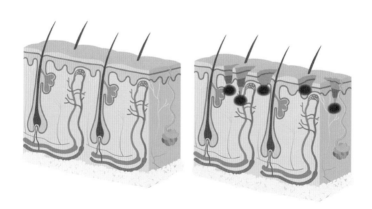

正常皮膚結構（左圖）；創傷性紋身，因為有外物塵埃進入表皮或真皮層（右圖）

裂開傷口深　手術縫合

　　至於裂開的傷口更是比較嚴重，須視乎其裂口的深淺程度，如果傷口相對淺層，便可用藥用膠紙或膠水等簡單方法縫合傷口；但如果傷口很深，並且影響到皮膚裡面深層的組織，便須考慮接受手術縫合傷口。

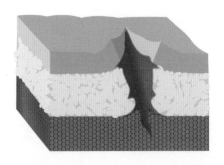

皮膚深層創傷或會影響皮下脂肪甚至肌肉

處理傷口的謬誤 飲食的忌諱

坊間對於受傷後的護理，有不少民間流傳下來的飲食忌諱或食療方案，尤其是老友記一輩（長者）多數認為受傷後不能吃沾了豉油的食物，以免傷口會變深色。事實上，從西醫角度而言，並沒有不能食豉油這方面的說法，但傷口疤痕確實會受其膚質影響，如果一個人的膚質容易顯深色，被蚊蟲叮咬後留印數個月也不消退，其受傷後的疤痕便很大機會變深色，但若其傷口即時處理得當，這方面的風險亦能減到最低。

除了有人認為要戒口，亦有些說法指受傷後應進補一下，例如飲生魚湯令皮膚白滑一點。同樣地，西醫沒有這種說法，反而據以往經驗得知，接受疤痕修復手術後如果再飲生魚湯，還有食乳鴿等，傷口容易長肉芽，令疤痕變硬。因此，醫生一般會建議受傷者做完疤痕手術後，至少有一段時間不要飲生魚湯和食乳鴿等「補品」了。

攝取維他命 C　蛋白質

那麼到底做手術後，應該吃哪些食物呢？簡單來說，只要攝取豐富維他命 C 和足夠的蛋白質，對傷口護理也有幫助。足夠蛋白質是指雞、牛、豬等常見肉類，如果本身沒有對這些肉類過敏，便可照常進食。

我曾為一位 12 歲小朋友做疤痕修補手術，隔了一段時間他回來覆診預備拆線，怎料發現他的傷口完全沒有癒合跡象，於是詢問其生活習慣及飲食狀況，他回答說：「我很小心的，什麼也沒吃！」他的「小心」餐單是這樣的：牛沒有吃、豬沒有吃、雞沒有吃、連菜也三挑四選了，只是多喝水。由此反映，過分的小心以為可幫助傷口癒合，反而令小朋友無啖好食，吸收不到足夠的營養，使其傷口痊癒進度未如理想，所以如果想令傷口好一點，還是要補充充足的維他命 C 和適量的蛋白質。如果對餐單有疑問，也可先諮詢醫護意見，避免自行戒口，矯枉過正。

受傷之後懂得正確護理的方法很重要，切忌以為是小傷小痛便置之不顧，但若遇到大創傷也毋須過分緊張，及早處理傷口得宜，傷口的癒合過程也會較容易。

2

除掉疤痕

受到創傷後難免會留下疤痕，但對於愛美的人來說，未必能接受身上留下「永久的印記」，想找各種方法除疤亦屬人之常情。遇到此類個案，不妨先問問：「有什麼因素令你不喜歡它？」

處理不當 疤痕難看

一個疤痕「靚唔靚」，其實受三個因素影響：第一是膚質，白種人的膚色比較白，受傷後疤痕不那麼明顯，反之黑人就比較差一些，至於亞洲人，則屬於「中間份子」；第二個因素是傷口情況及位置，如果受到的創傷非常嚴重，令附近皮膚和內裡組織磨損甚至潰爛，萬一處理不當，便會顯得疤痕「難看」；第三是創傷後的處理，這是可以人為改變的，包括如何清洗和縫合傷口。

傷口深 逐層縫好

而第三點頗為關鍵，因為比較深的傷口，很多時表皮的傷口周邊也是不規律、甚至是潰爛的，想要一個靚的疤痕，便要將皮膚裁剪成正常的皮膚才去縫合，傷口裡面的組織，包括脂肪、筋膜、肌肉，甚至去到骨膜，可能亦已裂開變爛，因此也要逐層縫好，盡量將這些組織回復原狀，否則萬一缺損太多，疤痕位置可能會凹了進去，要用整形手術來逆轉。

疤痕變紅 初期現象

受傷後覺得疤痕難看，多數是因為疤痕太紅、太黑、凹凸不平甚至粗糙過硬等外觀問題，我們首先要了解這些因素是怎樣形成的。其實在受傷初期、即大約首 6 星期，疤痕變紅是正常現象，之後會逐

漸變淡，大約 4 個月後便會經歷一個穩定期；疤痕要完全變白淡化，需要 1 年左右時間。只要明白疤痕變紅、淡化是必經過程，便不用總是擔心疤痕太明顯。

想疤痕變淡　避免曬太陽

至於有些人的疤痕變黑，則是因為其疤痕生成時，埋藏了污物在內，皮膚復原時便形成一處深色表皮，色素越深者其疤痕便越顯深色，這叫創傷性紋身。想疤痕變淡，可用一些特效藥膏，但最重要是受傷或做完手術後，避免曬太陽數個月，防止疤痕繼續變黑。其實防止疤痕變黑最有效方法，就是在一開始修復皮膚的手術時，用已消毒的刷把皮膚中的塵垢及時刷走，避免污物沉澱。

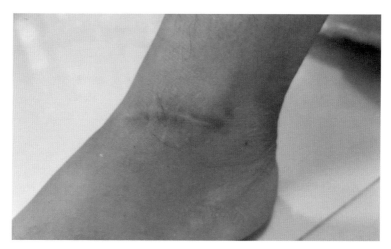

疤痕因變得深色而明顯

矽膠片淡化疤痕 按摩軟化疤痕

　　處理疤痕有不同的方法，而且疤痕修復沒有講究年期，有些疤痕雖不能完全去除，但我們仍可用方法令它變得不那麼明顯。因此要了解自己的實際情況，才能因應需求找出適當的方法處理。舉例說，如果是受傷後的即時處理，可以貼矽膠片或是塗矽

凝膠以淡化疤痕；如果疤痕本身已很幼細，但想防止它變闊，便要持續使用膠貼，直至疤痕狀況穩定為止；如果覺得疤痕太硬，一般會考慮按摩或使用類固醇令其軟化。

激光磨皮　處理疤痕

至於疤痕修復手術，則用於一些面積相對大、或是在顯著位置的疤痕上，例如在臉上，便可用手術把它割除。但要記得手術並非一勞永逸，手術後也要做大約 1 年的疤痕護理，並且避免曬太陽，直至其狀況穩定。此外，還有其他方法應付不同去疤需求，例如激光、磨皮等。

有不同以激光磨皮的方法

　　疤痕修復並非一朝一夕的事，給自己、也給疤痕
一點時間，了解自己疤痕形成的原因和狀況，放下
過分的憂慮，找到適合的修復方法，持之以恆做好
疤痕護理，總有一天可以回復比較美觀的皮膚。

3

妥善處理創傷　疤痕復原更好

　　相信大部分人都希望有白、滑、無瑕疵的肌膚，有些人更會介意身上出現因受傷而產生的疤痕，期望能盡快消除這些疤痕。要解決疤痕問題，應從創傷一刻便有正確的處理，盡量令皮膚層在良好情況下得以復原，減低疤痕形成的機會。

創傷損及肌肉脂肪　須重置破損部分

　　若身上已有疤痕，一般會視乎疤痕對傷者的影響、疤痕的成熟程度、位置以及特性，如有否凸起、變硬、闊度等。若疤痕造成的影響不大，傷者亦不太在意，也不一定要處理。在創傷一刻開始有正確的處理，是避免疤痕出現的最好方法。因為皮膚組織下的肌肉、脂肪，可能因創傷而破損或遺失，故需要將破損部分重置，令原本組織重置於原本的位置。

至於皮膚層，患者便需要將破損皮膚清除，縫合剩下來完好及正常的皮膚，這樣才最有機會復原得最好。也有些人對已產生疤痕不太滿意，亦可於術後利用不同的整形外科方法，令疤痕變得不明顯，這稱為「二次修復」。

交通意外 傷口埋樹枝沙石

　　有些人的傷口經簡單處理後，疤痕位置長期有發炎反應，例如紅腫、發熱等，這便要考慮一下，是否處理傷口的方法出現了問題。有些傷者因意外撞車、踩單車跌傷，有可能會有樹枝等外物埋藏在傷口內，這便需要小心處理；若在縫合傷口前沒有徹底清除外物，會令傷口長期發炎，繼而影響疤痕復原，而傷口更有機會含膿再爆開。

傷口流膿 徹底清理 肌肉脂肪逐層縫合

曾有一位求診者於外國意外受傷，在當地醫療情況不太好、傷勢又危急時，只好將頭部傷口縫合，但返港後發現疤痕附近不停腫脹，過了 1 個月後臉部亦未見消腫，傷口位置甚至流膿而求醫；之後我根據當時情況建議傷者，接受全身麻醉再清洗傷口，並檢視一下傷口情況，結果發現該傷者於撞車後，有不少細小外物，如樹枝、樹葉、沙石等在傷口內。完成清理外物後，我再為傷者將皮下的肌肉、脂肪逐層縫合，疤痕復原亦會較好，不再有長期紅腫問題。

深層破損未處理 再打開傷口縫合

此外，亦有一些情況是創傷後，於第一次緊急縫合時，未有縫合深層破損組織，有機會令皮下肌肉萎縮，表面皮膚下陷。若遇上這種情況，患者可考慮接受疤痕修復；在局部或全身麻醉下，醫生再打

開傷口檢視皮下組織，將該些組織重新縫合，打好傷口「地基」，表面再縫合後，疤痕效果會較好。因此，若傷口於縫合後 2 至 4 星期內逐漸變紅，便需要考慮再求醫，觀察會否有其他問題。

很多人疑惑疤痕是否一定要處理，若疤痕已經是很多年前產生，只是不太滿意，便可以考慮用手術等不同方法改善。但若疤痕會影響功能或比較明顯，如有凸起、變硬情況等，皮下組織、肌肉出現黏連而影響郁動等，便應考慮諮詢醫生意見，改善疤痕情況。

4

煲蠟毀容留疤痕

　　夏末,促銷月餅廣告已在市面推出,九月下旬便是中秋佳節。我多年前任職公立醫院遇到一宗中秋節嚴重燒傷個案,畫面至今仍歷歷在目。事緣一群屋邨兒童在中秋節圍爐煲蠟,為增加刺激,有人向裝滿高溫燒溶蠟的鐵罐潑水。「篷!」一聲,熊熊火舌突然向上竄,一名只有幾歲大的孩子躲避不及,火焰直衝向他的臉部及下顎。孩子的下巴及臉部被嚴重燒傷,燒傷留下的糾結疤痕拉扯皮膚,連嘴也合不上,這名受傷的孩子在多年後仍然要接受治療處理疤痕。

　　燒傷的損害視乎熱源、接觸時間及受傷皮膚的厚度。損害其實在意外發生時已造成,醫生的處理主要是減低二次傷害,避免令傷口或損害變得更嚴重。

市民在日常生活遇上大大小小的燒傷燙傷意外，最常見的是打翻熱水瓶被熱水灼傷、在焗爐取餐盤被燙傷、被火燒傷等，也要小心處理以減少遺下疤痕引致後遺症。

燙傷用水降溫　忌冰敷

　　例如燒傷後，首要是降溫，盡快遠離熱力的源頭，而不是在傷口塗豉油、搽牙膏等偏方，這些物料無助處理燒傷，反而有機會引起細菌感染。若果被熱水燙傷，應脫去被熱水濕透的衣物，以免皮膚繼續被熱力所傷。之後，可將傷處在水龍頭下沖洗20分鐘。但切記不可冰敷，以免皮下血管收縮，燒傷的程度反會加深。

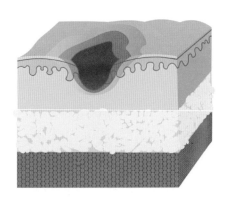

燒傷後，皮膚有不同程度的受損，有部分因應燒傷後的處理而變
得更好或更差

深層皮膚燒傷 需「新皮」覆蓋

　　燒傷是可按皮膚燒傷的深度及面積分級。情況輕
微的，只傷及表層，大約 1 至 2 星期，皮膚會自行
癒合，疤痕一般不會明顯，期間最重要是保護傷口，
以防發炎感染造成二度創傷和增加疤痕的風險。

如果燒傷較嚴重，例如熱源的高溫火燒，接觸熱源的時間長，都會造成深層皮膚受損，失去皮膚保護身體的功能，除了容易發炎感染外，亦令體液流失，癒合後疤痕都會明顯，這時就需要找尋「新皮」覆蓋。

自體皮膚植皮免排斥

最理想是用求診者其他完好的皮膚進行植皮，身體不會排斥，將「新皮」覆蓋在傷口，4 日至 1 星期內，血管可生入新皮內。但若果油脂分泌腺、感覺神經已燒傷，這些失去的功能都無法移植。植皮的位置會變得乾燥，容易損傷，求診者要經常塗油保養皮膚。

影響活動 職業治療

　　治療燒傷求診者最漫長的過程是處理疤痕，尤其在一些特別的身體部分，例如頸部，以及關節位置，會因疤痕收緊拉扯而影響功能。手部燒傷可造成手指關節變形，求診者無法握拳。求診者需要接受職業治療服務，以及配戴一些裝置、穿壓力衣等等，以恢復身體活動功能。

（本文部分內容曾刊載於 iMoney）

5

燒傷植皮

　　皮膚是人體最大的器官,若不幸發生燒傷意外,一般按兩項因素界定受傷分級:皮膚燒傷的深度,以及燒傷面積。若只傷及表層,皮膚表層破損,呈粉紅色,屬淺度燒傷。若果皮膚表面深紅色,血管呈硬化,代表深度燒傷;若遭火燒至整層皮膚受傷,傷口表面更會變成黑色或白色。

　　倘以一個手掌相當於人體百分之一的皮膚面積計算,成年人多於百分之二十的皮膚燒傷即屬嚴重,小童百分之十已屬嚴重,需要在醫院處理。

大面積燒傷須植皮　免細菌入侵

　　因為大面積的燒傷,會引致很多體液流失,所以要用點滴去補充體液,以及需要細心的觀察,因此需要住院。這些密切的觀察,有時甚至要在深切治療部進行。住院的另一好處,是可以更有效處理痛

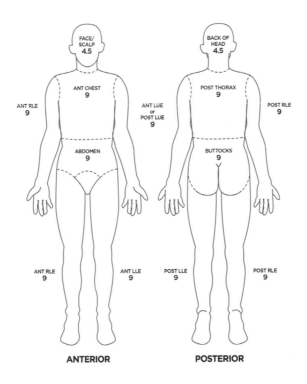

計算燒傷面積的表格 Lund and Browder Chart

的問題，因為大面積的燒傷會令傷者非常疼痛。如果燒傷的地方是在火場，曾吸入濃煙的話，也是需要入院治療的。嚴重的燒傷，面積很大的，也會引致嚴重的炎症反應，住院處理會較為恰當。

處理大面積燒傷的求診者須先把求診者情況穩定後再做植皮手術，以免細菌入侵。在選擇捐皮位置的時候，要有先後次序及皮膚厚度的考慮。燒傷手，會考慮全層皮膚移植，若需要大面積捐皮的地方，可在大腿及背部取皮。

自體皮膚植皮免排斥

醫生處理大面積燒傷，甚至是「體無完膚」的個案時，需要做好手術計劃，包括決定植皮位置的先後。先安排覆蓋較重要的身體部分，上半身、手及頸，下一步則是腳部，最後是背部。

醫生會用特別的儀器將取皮處理成網狀，覆蓋在有健康活血供應的組織上，約 4 日至 1 星期內，血管就可生長入皮膚內。

　　至於使用自體皮膚，好處是不會排斥。目前未有其他物料能完全取代人類皮膚，作燒傷植皮之用。因此，市民死後捐出的皮膚，只可在嚴重燒傷求診者緊急時充作敷料暫時覆蓋皮膚，渡過危險期之後，仍要取自體皮作移植。

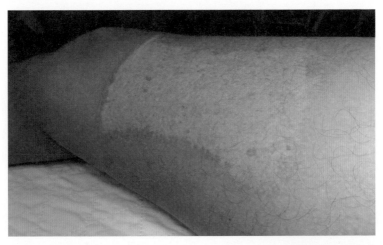

植皮捐贈位置的疤痕

燒傷疤痕護理得宜　助恢復活動功能

　　而植皮後的疤痕護理，則是另一個重要的康復階段，視乎不同的位置進行特別安排。例如燒傷手背，疤痕收緊可令手指變形，求診者要配戴手架以拉鬆皮膚。求診者有時候要長時間穿緊身衣壓住疤痕，令疤痕不會收縮變形或變厚。但有時亦會配合手術放鬆求診者關節，盡量恢復求診者的活動功能。

（本文部分內容曾刊載於 am730）

第八章

不可輕視皮膚繭痂及小傷口

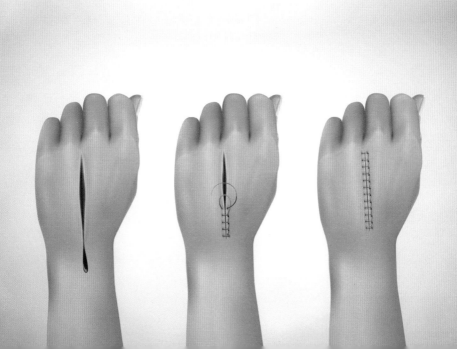

1

化膿性肉芽腫

　　皮膚是我們最大的器官，也是保護身體的第一道屏障，當發現表皮突然長出「奇形異物」，哪管看來只像「生雞眼」的繭，若患處持續損傷出血也絕不能輕視，除了有礙觀瞻，也隨時是病變或細菌感染的警號。

皮膚長繭結痂　傷口易出血是警號

　　早前一名熱愛電玩的年青人來求醫，他右手常握著打機控制桿（joystick）的位置，莫名地長出一粒像紅豆般大的異物，紅紅的，硬硬的。這異物的痛感不太劇烈，他起初不以為意，但由於患處很容易流血，結痂後又再損，反反覆覆的，傷口像久久也不能完全康復。

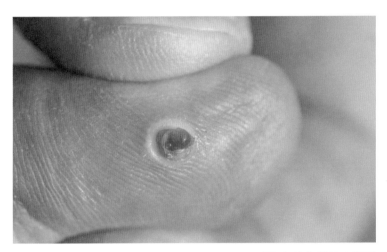

手指上的化膿性肉芽腫

　　經檢查後證實，這並不是患者一直以為的打機起了繭結了痂，而是「化膿性肉芽腫」（pyogenic granuloma），又稱「毛細血管擴張性肉芽腫」，因傷口受到細菌感染所導致。

這可能是患者沉醉於打機之中，期間手部皮膚表面有輕微傷口也不為意，傷口不但未獲妥善消毒包好，反而被骯髒的手抓弄過，從而令傷口感染到細菌。

由於相關細菌毒性未必高致入侵皮膚組織，造成嚴重的急性感染徵狀，因此患者並不會出現發燒等病徵，但傷口卻能在短短 1 至 2 周內，逐漸變大，形成凸起的結痂。因為這新生的肉芽組織內長滿了血管，只要一點輕微的抓傷也很容易出血，就算是大力擠壓，也流血難止。

外傷未妥善消毒處理 易感染化膿性肉芽腫

化膿性肉芽腫多發生在常摩擦或外傷患處，除了青年人，孕婦亦屬於常見的患者。孕婦患者的化膿性肉芽腫多長於口腔和牙齦中，又稱「毛細血管擴張性齦瘤」，牙肉患處或口腔黏膜會長出一顆大大的肉芽組織，凸出程度甚至會影響牙齒咬合。

化膿性肉芽腫的圖解

　　雖然化膿性肉芽腫並不是癌症，即使不作治療也不會對身體健康造成嚴重威脅，但由於患處容易擦損、流血、結痂再擦損流血，反覆出現，不但影響外觀，患者的衣物也會不時染到血漬，對生活帶來尷尬和困擾。

　　如果求診者年齡較大，皮膚上生的粒粒是多於 1 個月，還變得越來越大，尤其是會流血的，我們便要小心。因為通常除非已發炎，否則一般都不會痛，痛並不是一個指標，所以痛這種情況我們恐怕是皮

膚癌，那便要盡早找醫生進行檢查。因為越早治療，
粒粒會越小，治療後的疤痕也會小一些。

塗硝酸銀　冷凍激光可治理

　　化膿性肉芽腫多是單顆發生，治療方面，可塗上
硝酸銀（silver nitrate）使其表皮化，便不會再流
血，但顆粒仍然存在；也可透過冷凍和激光治理；
如果底部面積較大的話，可以在局部麻醉下進行手
術割除，復發機會微。市民若發現皮膚傷口有不明
腫起物，切忌亂塗藥膏或自行擠壓，應盡早求醫。

（本文部分內容曾刊載於 iMoney）

2

不能輕視的疤痕 —— 蟹足腫

　　為什麼長在胸口的一粒暗瘡，甚至只是貪靚穿個耳窿，都有可能演變成蟹足腫疤痕？人一旦受到創傷，身體會盡快指令組織把傷口修復；卻有一些情況是組織過度增生，除了修復傷口外，甚至向正常皮膚擴展，變成蟹狀肉芽並且越生越大，除了伴隨痛和痕癢，令求診者非常困擾外，亦嚴重影響外觀，造成心理壓力。蟹足腫病情不會自行痊癒，患者須透過針藥注射或進行手術切除。

修復傷口組織過度增生 狀似啞鈴肉粒

　　臨床所見的蟹足腫患者，有時只源自一個甚不起眼的小損傷。例如有女士胸口長了一粒小暗瘡，她下意識用手指抓抓癢，碰巧與掛在頸上的鏈墜偶爾磨擦，一兩星期後小傷口癒合，卻留下一粒小肉粒。過了 4 個月、10 個月，肉粒越生越大，兩三年後可能生成 2、3 厘米長，狀似啞鈴的肉粒，肉粒完全超出原本受傷的部位，而且又痛又癢。

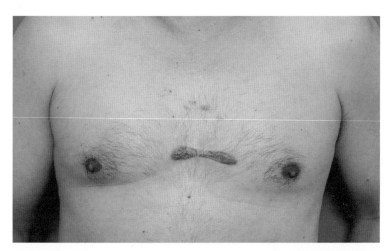

在胸前長出的蟹足腫

耳窿發炎　小肉粒變大肉粒

　　也有一些例子是穿耳窿，耳洞長期發炎，最後生了一顆硬硬的小肉粒。開始時體積很小，令人不以為意，隨後卻越生越大，有些肉粒大至 2、3 厘米，漸漸演變成蟹足腫疤痕。如果情況尚屬初期，醫生會先注射類固醇治療，隔 4 周後再打，有機會注射一兩針便告好轉，蟹足腫收縮，慢慢變得平復和鬆軟。

若針藥無效 手術摘除肉粒 電療治理

　　但也有不少患者注射針藥後 3 星期左右，痕癢再現，再打針仍不見好轉。這時候只能出動終極方案，動手術摘除並輔以電療治理。若只進行手術，蟹足腫有八成機會復發，如輔以電療的話，康復率提升七至八成。此電療屬電子電，只穿透皮膚以下幾毫米，不會深入器官內臟。而電療必須於手術後 24 小時內進行，1 周內電療兩、三次，才能獲得較佳效果。

　　不過，手術也不是萬試萬靈。一些嚴重的蟹足腫個案，因為拖延太久，肉粒生得太大，動手術切除的話須割去大量皮膚，會導致「埋唔到口」。這些情況下則不宜進行手術，白白錯過了醫治的黃金期。

　　大家應該留心耳洞、卡介苗針口、胸背的小暗瘡，以及一些出現在膊頭的傷口，因這些部位的皮膚張力較大，出現蟹足腫的機會一般較高。而在不同種族之中，黃種人患蟹足腫的機會雖不及黑皮膚人士，但也較白人常見。

疤痕體質風險高

　　然而，不是身體所有位置都會生蟹足腫，通常是在胸部上半部、肩膊以及背部的上半部等。但也有一些人非常容易生蟹足腫，甚至身體任何一個部位有少許刮損，那部位都會生蟹足腫，這便非常麻煩了。若本身屬於疤痕體質，也算是高危一族。因此，倘若發現疤痕出現異常狀況，宜盡快求醫，切勿掉以輕心。

（本文部分內容曾刊載於 iMoney）

3

多汗症

　　城市跑、郊野遊，成了港人在疫潮下舒展身心的消閒活動，出一身汗的舒暢感彷彿將壓力和疾病也掃走。但是，對於天生汗腺發達的男女來說，尤其是穿深色衣服的時候，卻造成難以啟齒的尷尬和困擾。

穿深色衣服的尷尬

手汗多 腋下汗漬斑斑 伴有腋臭和體味

排汗除可幫助調節體溫外，其實，人的手掌和腳掌汗腺較多的原因也是非常「原始」的，就是因為汗水能幫助手腳抓緊外物，不致滑倒。若雙手完全無汗，基本上連打開透明薄膠袋的袋口也很困難。

求診個案中，不時也會遇上手汗多至與人握手怕手濕，袖衫腋下永遠濕了兩個印的人士，他們除了大汗，或多或少更伴有腋臭和體味，大大影響社交。

切除控制排汗的腦神經線

治療多汗症方法主要是針對汗腺處理，包括切除控制排汗的腦神經線令手汗減少，手術須在全身麻醉下進行，若切錯神經線更可導致眼皮下垂的後遺問題。

神經末梢注射肉毒桿菌

　　而創傷性較低、較多人選擇的療程是在神經末梢注射肉毒桿菌，通常 1 周後已能明顯減少汗水。然而，由於相關療效只能維持半年至 9 個月，故基本上多汗問題每年也會「復發」而須定期注射肉毒桿菌治理。

　　若患者有腋臭問題，則單憑注射肉毒桿菌也未必能處理好，因為汗臭成因是與某獨特的油脂分泌腺有關，相關油脂遇上汗水再被細菌分解，便會形成嚴重臭味，難以去除。當然，汗水減少，也能減少臭味。

切除腋下汗腺　油腺　分泌腺治體臭

　　傳統的治療方法包括在腋下動手術將汗腺和油腺分泌腺完全切除，但開刀手術會留下疤痕，亦有流血的風險，若有皮膚組織壞死亦有可能留有一道明顯的疤痕。

聚焦超聲波　微波破壞汗腺

　　近年較常用的療法是利用聚焦超聲波，以「隔空破物」的原理以微波破壞汗腺，而又不會破壞到表層皮膚，一般而言，普遍求診者接受了兩次相關微波治療，已可將七至八成汗腺破壞。若除味成效仍未如理想，則可再考慮是否接受手術切除汗腺。

注意清潔 少吃味濃食物

當然，並不是所有人的體味也會嚴重至變成「臭狐」，情況較輕微者，在每天洗澡時，使用醫生手術專用的消毒殺菌洗手液清潔腋下，減少細菌，亦能有效處理汗味問題。減少進食味道較濃烈的食品如咖喱等，對減少汗臭亦有點幫助。

此外，有些人會有化膿性汗腺炎（hydradenitis suppurativa）的情況，病徵包括疼痛及皮膚長期發炎，有膿瘡及疤痕。通常會出現在汗腺分泌多的地方，例如腋下、大髀罅、屁股位置以及乳房褶痕。這種情況一百人中也會有一個。開始時會有輕微發炎，好像黑頭，接續下來會開始流膿及變得嚴重，少則有數粒發炎瘡，多則會有發炎管道在皮膚下面。

口服抗生素 維他命 A 酸治療化膿性汗腺炎

至於箇中原因現時也不太清楚，不過會較多出現在一些汗腺分泌的地方，而吸煙及肥胖的人會嚴重些。如果在早期，醫生可以用一些抗生素，口服抗生素可以有幫助，發炎的地方也可以用消毒藥水去清洗。如果向皮膚科醫生求診，有時會處方維他命 A 酸治療，但要注意，進行治理的時候患者不可以懷孕。

倘若情況嚴重，醫生甚至需要割掉那部分的皮膚。所以如果發現一些汗腺分泌的地方有發炎或有瘡，應及早求醫，不要猜測只是倒生的皮膚而不理。同時，患者也要改變生活習慣，例如要減輕體重及停止吸煙，以及要洗乾淨那些位置，由於患處會很痛，如果不處理，可能會影響手部的活動。

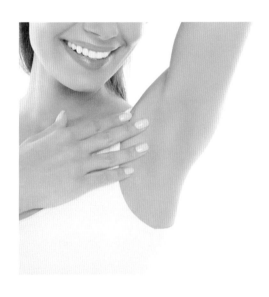

（本文部分內容曾刊載於 iMoney）

後記

記唇裂顎裂手術 —— 義工之行

香港人放假喜歡周圍飛去旅行，過去 3 年港人受新冠肺炎疫情限制，放假未能隨意周圍飛十分懊惱。但旅行團、影完相即閃的打卡旅遊方式「唔啱我」，20 多年前開始，每逢放假我便當志願醫生，返中國內地免費為唇裂顎裂病人做修復手術，志願工作便成為放假的首要選項。

過去 3 年受疫情限制暫停出訪當義工之外，如今疫情回穩、恢復通關，我和志願醫護團隊再度出訪，到國內及東南亞地區開展義工工作，免費為唇裂顎裂病人做修復手術。

1994 年中大醫科畢業後，我在威爾斯親王醫院接受培訓，其後考獲整形外科專科醫生資格。一般人最關注是整形外科中的醫學美容，其實整形外科涵蓋範圍還包括治療創傷病人、因病患影響外貌或出現功能障礙等，如頭頸癌、骨癌、乳癌、燒傷及

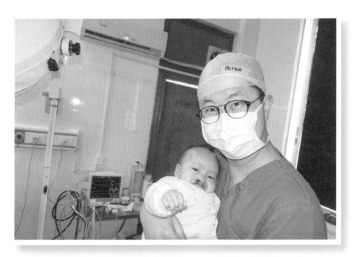

彭志宏醫生多年來參加義務醫生工作，到內地為貧窮
的唇裂顎裂兒童進行修補手術

意外毀容的病人。簡單而言，整形外科是要讓病人
由不正常，盡量變回正常。例如鼻子爛了要植皮去
補，接駁重建，令病人重獲鼻子可正常呼吸。

　　歲月無聲，我成為志願醫生，當年是受到其中一
位「師傅」董文光醫生的邀請，返內地免費為唇裂
顎裂病人做修復手術，由此展開了漫長的義工之行，
晃眼已過了 20 多年。猶記得在 1999 年的嚴寒中，
我首次踏足南京，當接載我們的車駛入醫院，眼見
數百人冒著寒冷的天氣下在大街上排隊，這批人都

彭志宏醫生為內地唇裂顎裂兒童
完成修補手術後，覺得十分欣慰

是從遠道而來的窮苦人家，他們用棉被包著小孩們呆呆的坐在地上等著。成群小孩都是有缺陷的唇裂顎裂孩子，我被當時的場面震撼著，便扛下這義務工作直至現在。

我們抵步時才得知共有 800 個個案輪候，但做手術的日子僅有 4 天，只能做 200 多個手術，沒辦法，只得忍痛推掉幾百位病人。我們每天從早到晚做手術，試過做到晚上 10 點。

唇裂顎裂是先天問題，「唇裂」的孩子因面部結構發育異常，令嘴唇、口腔中軟組織出現單側或雙側的裂口；「顎裂」則是腔中的上顎左右兩邊未能連合，導致口腔頂部連結鼻腔位置出現開口的情況。除了形成明顯的容貌缺陷，他們更可能遇到進食困難、語言發展障礙甚至影響聽力等併發症。如果無人為孩子做矯正手術，他們就帶著天生的缺陷過上一輩子了。

　　最初答應當志願醫生是因為興趣，手術室裡又急又忙亂是外科醫生最好的磨練。然而，每次當在內地完成唇裂顎裂修復手術，手術室傳出孩子的哭聲，這時我會拿出隨身攜帶的一面鏡子，怕痛的孩子從鏡子中見到自己面容改觀便破涕為笑，父母也感到十分欣慰。之後便覺得這是責任，自己可以幫到有需要的人，內心感到很滿足。

由此，我返內地當義工的次數也越來越頻密，由最初 1 年返內地 2 次，最顛峰時更達到 1 年返內地 4 次。志願醫生工作成為生命的動力，我甚至不惜在周末、假日上班來「儲假」，為下次義工之行作準備。

　　「逸傑國際慈善基金會」一直致力推動及支持志願醫生到中國內地，為患有唇裂顎裂的貧困兒童提供免費手術治療的慈善公益機構，由前布政司鍾逸傑爵士創會及擔任主席。鍾逸傑爵士見我多年熱心義診，遂邀請我成為「逸傑國際慈善基金會」會董，一起造福更多唇裂顎裂病童。加入該會後，我負責提供醫療諮詢，後來更協助機構籌款、招募義工、安排服務等。

　　其後我更從鍾逸傑爵士手上接任「逸傑國際慈善基金會」主席一職。此後，我除了當前線志願醫生之外，還要肩負「逸傑國際慈善基金會」的行政、策劃等工作，游說更多醫護加入志願者行列，繼續

免費為貧困地區的唇裂顎裂病人做修復手術。若每次只可以幫到 20 至 30 個病人，如果可以找多 10 個人來，便可以幫到兩三百個病人。

　　如今，內地的志願醫護團隊人數增多，可以分擔內地的義務工作，我們便組隊開展東南亞一帶的工作，幫助當地患有唇裂顎裂的孩子。

彭志宏
整形外科專科醫生

整形
整心

——科學讓你
重拾自信人生

Health 065

書名： 整形整心——科學讓你重拾自信人生
作者： 彭志宏醫生
編輯： 青森文化編輯組
設計： 4res
出版： 紅出版（青森文化）
地址：香港灣仔道 133 號卓凌中心 11 樓
出版計劃查詢電話：(852) 2540 7517
電郵：editor@red-publish.com
網址：http://www.red-publish.com

香港總經銷： 聯合新零售（香港）有限公司
台灣總經銷： 貿騰發賣股份有限公司
地址：新北市中和區立德街 136 號 6 樓
電話：(866) 2-8227-5988
網址：http://www.namode.com

出版日期： 2024 年 2 月
圖書分類： 醫藥衛生
ISBN： 978-988-8822-89-8
定價： 港幣 130 元正／新台幣 520 圓正